Forschungshefte aus dem
Gebiete des Stahlbaue

Herausgegeben vom

Fachverband Stahlbau, Deutscher Stahlbau-Verband, Bad Pyrmont

Schriftleitung: Professor Dr.-Ing. K. Klöppel, Technische Hochschule Darmstadt

Heft 7

Über den Einfluß
hochfester Stähle auf Gewichtsersparnis
und Bauart im Stahlbrückenbau

Von

Dr.-Ing. Otfried Erdmann

Mit 28 Abbildungen

Springer-Verlag Berlin Heidelberg GmbH

1950

Copyright 1950 by Springer-Verlag Berlin Heidelberg
Ursprünglich erschienen bei Springer-Verlag OHG, Berlin/ Göttingen/Heidelberg 1950

ISBN 978-3-540-01458-4   ISBN 978-3-642-88542-6 (eBook)
DOI 10.1007/978-3-642-88542-6

Von der Fakultät für Bauwesen der Technischen Hochschule Karlsruhe
zur Erlangung des Grades eines Dr.-Ing. genehmigte Dissertation.

Berichterstatter: Prof. Dr.-Ing. Gaber
Mitberichterstatter: Prof. Dr.-Ing. habil. Fritz
Prof. Dr.-Ing. Jungbluth

Tag der mündlichen Prüfung: 25. Juli 1944

Vorwort.

Die vorliegende Arbeit entstand während meiner Tätigkeit bei der Firma B. Seibert G. m. b. H., Stahlhoch- und -brückenbau, Saarbrücken. Fast sämtlichen Vergleichsentwürfen, die in der Arbeit benutzt wurden, liegen praktische Bauausführungen zugrunde. Ich schulde daher meinen Mitarbeitern in der genannten Firma, besonders aber dem Geschäftsführer der Gesellschaft, Herrn Bernhard Seibert, Dank für verständnisvolle Unterstützung.

Für entscheidende Anregung und Förderung bei der Durchführung der Arbeit bin ich Herrn Professor Dr.-Ing. Gaber zu großem Dank verpflichtet.

Mein besonderer Dank gilt ferner dem Fachverband Stahlbau, Deutscher Stahlbau-Verband, für die Anregung, die Arbeit in den Forschungsheften erscheinen zu lassen, und diesem Verband und dem Stahlbau-Verein Bayern und den Stahlbau-Vereinigungen Hessen und Württemberg-Baden für die Übernahme der Druckkosten.

Dem Springer-Verlag danke ich für die gute Ausgestaltung der Druckschrift.

Aschaffenburg, im März 1950.

Otfried Erdmann.

Inhaltsverzeichnis.

Einführung.

Entwicklung und Verwendung hochfester Baustähle.

Kein anderes Problem des Stahlbaues zeigte in den letzten Jahrzehnten eine so stürmische Entwicklung wie die Baustoffrage und die eng damit zusammenhängende Frage der Schweißung. Innerhalb weniger Jahre schwankte diese Entwicklung wiederholt zwischen starkem Optimismus und empfindlichen Rückschlägen. Auf der einen Seite führte die Erwartung einer praktisch in dieser Höhe nicht möglichen Gewichts- und Kosteneinsparung sogar zu dem Vorschlag, den bisherigen Baustahl ganz zu verdrängen; Enttäuschungen brachten andererseits auch Forderungen mit sich, die Anwendung der neuen Baustähle in nicht gerechtfertigter Weise einzuschränken[1].

Der seit etwa 1890 in Deutschland überwiegend verwendete Flußstahl mit den Eigenschaften des heutigen St 37 beherrschte dank seiner vorzüglichen Eigenschaften jahrzehntelang alle Gebiete des Stahlbaues und beherrscht heute noch viele Gebiete ganz oder nahezu völlig. Die ersten Versuche, diesen bewährten Baustoff durch hochfeste Stähle zu ersetzen, beschränkten sich auf besonders große Bauwerke, bei denen mit dem bisherigen Stahl infolge der hohen ständigen Last konstruktive Schwierigkeiten zu erwarten waren. Es ist daher auch kein Zufall, wenn die ersten Anregungen, den einfachen St 37 durch legierten hochfesten Stahl, insbesondere den teuren Nickelstahl zu ersetzen, aus Amerika kamen, wo außergewöhnlich große Brückenspannweiten ein Abgehen von dem normalen Baustahl verlangten.

Im deutschen Bauwesen wurden erstmals, aber nur vereinzelt, kurz vor dem ersten Weltkriege Baustähle verwendet, bei denen nicht durch Legierung, sondern durch höheren Kohlenstoffgehalt Streckgrenze und Beanspruchungsmöglichkeit verbessert wurden. Das bekannteste Beispiel ist die Verwendung des sogenannten deutschen Schiffbaustahls nach Vorschlag von Dr.-Ing. Voss.

Nach dem Weltkriege setzte die eigentliche Entwicklung auf dem Gebiet der hochwertigen Baustähle ein, begünstigt durch die großen Bauaufgaben, die dem deutschen Brückenbau seitens der Reichsbahn nach Beendigung des Krieges gestellt wurden und die infolge der Einführung bedeutend schwererer Lastenzüge gebieterisch nach Materialeinsparung verlangten. Die nun folgende Entwicklung ist in erster Linie der Deutschen Reichsbahn und ihren führenden Männern, vor allem dem Geheimen Baurat Schaper zu danken.

1924 wurde der St 48 und 1926 der St Si eingeführt. Seit 1929 ersetzt der St 52 den St Si, seit 1941 der St 46 den St 48.

Neuerdings sind die Bestrebungen wieder lebhafter geworden, Baustähle durch Wärmebehandlungsverfahren zu verbessern. Dieses als „Vergütung" bekannte Verfahren ist auf dem Gebiet der Edelstahlerzeugung für Werkzeuge und hochbeanspruchte Maschinenteile seit langem hoch entwickelt.

1929 konnte Dr.-Ing. Gassner[1] noch der Ansicht sein, daß die Vergütung für Baustähle wegen der Kosten und der Schwierigkeit, große Teile zu durchhärten, praktisch kaum in Frage käme. Die Entwicklung der letzten Jahre zeigt aber, daß sich die technischen Schwierig-

---

[1] Zusammenfassende Darstellungen der geschichtlichen Entwicklung geben u. a.: Bohny: 15 Jahre Materialentwicklung im Stahlbau. Bauingenieur 1935, Heft 5/6. — Bohny: Der hochwertige Stahl im Eisenbau. Referat A 3 der Internationalen Tagung für Brücken- und Hochbau in Wien 1928. — Schaper: Stahlbrücken von heute. Bautechn. 1934, Heft 46. — Schaper: Der hochwertige Baustahl St 52 im Bauwesen. Bautechn. 1938, Heft 48. — Roloff: Zur Frage des Baustahls in Deutschland. Bautechn. 1929, Heft 7. — Gassner: Die Stähle im Bauwesen. Stahlbau 1929, Heft 21. — Hoff: Die Entwicklung der hochfesten Stähle für den Großstahlbau. Mitt. Kohle- u. Eisenforschg. Bd. 2, Lieferung 1, 1938. Auf das hier veröffentlichte umfangreiche Schrifttumsverzeichnis sei hingewiesen.

keiten überwinden lassen und daß durch Anwendung neuartiger Verfahren auch wirtschaftliche Herstellung erreicht werden kann[2].

An diesen Verfahren ist neu, daß die Walzhitze zum Härten der Stähle ausgenützt, also die Vergütung in einem kontinuierlichen Arbeitsprozeß unmittelbar im Anschluß an die Walzung vorgenommen wird. Die Härtung erfolgt durch Abschrecken in Wasserkühlbetten, die neben oder hinter der Walzenstraße angeordnet sind. Nachfolgendes „Anlassen" steigert die Festigkeit noch weiter, es sind durch diese Behandlung von Thomasstählen Streckgrenzen von über $75\ \mathrm{kg/mm^2}$ erreicht worden. Besonders einfach und wirtschaftlich günstig gestaltet sich aber das Verfahren, wenn man auf das Anlassen verzichtet und sich auf die Wasserhärtung beschränkt. Mehr denn je heißt es heute, durch Verwendung hochfester Stähle Stahl zu sparen, hierbei aber knappe Legierungsstoffe zu vermeiden, insbesondere den Mangangehalt zu beschränken und möglichst die Herstellung im Siemens-Martin-Ofen durch das Thomas-Verfahren zu ersetzen. Es sind daher die Bemühungen von großem Interesse, den bisherigen legierten St 52 durch wassergehärteten Thomasstahl St 37 zu ersetzen. Darüber hinaus steht man auch für die Schaffung noch hochwertigerer Stähle durch Wärmebehandlung wahrscheinlich am Anfang einer vielversprechenden Entwicklung.

Abgesehen von diesen praktischen Erwägungen, drängen theoretisch wachsende Spannweiten auf eine Steigerung der zulässigen Beanspruchung des Baustahls, d. h. also seiner Streckgrenze und Festigkeit. Von allen Baustoffen hat Stahl das größte Raumgewicht und dadurch eine verhältnismäßig kleine Traglänge. Diesen Begriff hat erstmals Engeßer[3] für den Quotienten aus Bruchspannung und Raumgewicht σ_B/γ geprägt. Verstanden wird darunter die Höhe einer Säule, die durch ihr Eigengewicht die ihrem konstanten Querschnitt entsprechende Tragkraft gerade verzehrt, so daß sie bei unendlich kleinem Längenzuwachs reißt.

Fuchs[4] nennt unter Berücksichtigung des Sicherheitskoeffizienten $v = \sigma_B/\sigma_{zul}$ in Anlehnung an Engeßer den Quotienten σ_{zul}/γ die „verwertbare Traglänge".

Die Traglänge für Stahl kann nur durch Erhöhung des Wertes σ_{zul} gesteigert werden, da das Raumgewicht für alle Stahlsorten gleich ist.

Man kommt damit zu den Gründen, die für die Anwendung hochfester Baustähle sprechen. Sie sind vor allem technischer, aber auch rohstoffwirtschaftlicher, betriebswirtschaftlicher und allgemeinwirtschaftlicher Art.

1. Technische Gründe.

Mit steigenden Abmessungen wird der Bau von Stahlbrücken aus normalem Baustahl St 37 immer schwieriger und bei einer bestimmten Grenzstützweite schließlich unmöglich. Bei Anwendung von hochfestem Stahl wird diese Grenzstützweite vergrößert, und zwar um so mehr, je hochwertiger der angewendete Stahl ist. Für Bauaufgaben, deren Spannweite die Grenzstützweite des festesten aller heute gebräuchlichen Baustähle überschreitet, muß also noch festerer Stahl verlangt werden. Hierbei spielt der mit wachsender Stützweite größer werdende Anteil der ständigen Last an der Gesamtlast die entscheidende Rolle. Die Einschränkung der ständigen Last hängt wohl auch von der Wahl der Bauart, vor allem aber von der Erhöhung der zulässigen Beanspruchung ab. Erhöhung der zulässigen Beanspruchung setzt aber Erhöhung der statischen und dynamischen Festigkeit der Stahlkonstruktion und zunächst des Baustahls voraus.

Die obersten Grenzen einer praktischen Ausführung gibt Bohny[5] für verschiedene Tragsysteme und Baustähle, wie in Zahlentafel 1 wiedergegeben, an. Hierbei sind als größte Querschnitte bei Stäben und Trägern rd. $1{,}0\ \mathrm{m^2}$, bei Hängegurten aus Seilen und Ketten rd. $0{,}5\ \mathrm{m^2}$ angenommen.

---

[2] Vgl. Schäfer u. Drechsler: Härten und Vergüten von Stahl aus der Walzwärme. Stahl u. Eisen 1942, Heft 39. — Kukla, Küntscher u. Sajosch: Neue Wärmebehandlungsverfahren zur Verbesserung der heutigen Stähle. Stahl u. Eisen 1942, Heft 51. — Kösters: Werkstoffersparnisse durch vergütete Thomasstähle und deren Herstellung aus der Walzhitze. Vortrag auf der Arbeitstagung der Eisenhütte Südwest in Luxemburg am 7. 5. 1944.

[3] Engeßer: Festigkeit und Wertigkeit der Baustoffe. Z. Arch. u. Ing.-Wesen 1919, Heft 1.

[4] Fuchs: Die Gewichte und günstigsten Abmessungen von Fachwerkträgern mit besonderer Berücksichtigung des Langerschen Balkens. Diss. Karlsruhe 1932.

[5] Bohny: 15 Jahre Materialentwicklung im Stahlbau. Bauing. 1935, Heft 5/6.

Zahlentafel 1. *Grenzen der Ausführung von Brücken aus Stahl nach Bohny.*

| Baustoff | Streckgrenze | Trägerart | | | | Anzahl der Kabel bei IV | Festigkeit des Drahtes bei IV |
| | | I. Frei aufliegende Träger und Bogen | II. Auslager-träger | III. Ketten-brücken | IV. Kabel-brücken | | |
	kg/mm²	m	m	m	m		kg/mm²
St 37	24	300	500	300	750	2—4	150
St 52	36	500	700	500	1000	2—4	150
x	48	700	900	700	1250	4—6	150
Draht	—	—	—	—	1500	4—6	150
,,	—	—	—	—	1750	4—8	180

Aus dieser Zahlentafel entnimmt man zwei interessante Tatsachen.

Man sieht erstens, wie nicht nur durch Verwendung hochfester Stähle, sondern auch durch Wahl einer anderen Bauart die Grenzstützweiten größer werden. Zweitens aber zeigt die Einbeziehung eines Stahls x mit 48 kg/mm² Streckgrenze und eines Drahtes mit über 150 kg/mm² Festigkeit, daß die Entwicklung der Baustahlfrage nicht abgeschlossen ist.

Die Gewichtsverminderung ist besonders wichtig für Bauwerke mit großen Spannweiten und für bewegte Konstruktionen.

Mit steigender Stützweite wächst der Quotient $\frac{\text{Ständige Last}}{\text{Gesamtlast}}$. Die Verminderung der ständigen Last durch Wahl hochwertiger Stähle bringt also mit wachsender Stützweite eine steigende Ersparnis. Bei großen Spannweiten überschreitet daher wegen des entscheidenden Einflusses der ständigen Last die tatsächliche Gewichtsersparnis bei Verwendung hochfester Stähle die theoretisch mögliche Grundersparnis, die sich aus dem Verhältnis der zulässigen Beanspruchungen der verglichenen Stahlsorten errechnet.

Während also bei großen Spannweiten der hohe Anteil der ständigen Last an der Gesamtlast den Ausschlag gibt, ist bei bewegten Konstruktionen schon eine geringe Verminderung der toten Last wichtig. Bei beweglichen Brücken, Schiffshebewerken, Abraumförderbrücken, Kranen und ähnlichen Bauwerken bringt die Verwendung von hochfesten Stählen technische Vorteile durch geringere Anforderungen an die Bewegungsorgane. Dadurch können entweder Antriebe, Gegengewichte und ähnliche Konstruktionsteile kleiner ausgeführt werden, oder man kann die Nutzlast erhöhen.

Gleiches gilt für schwierige Montagen, besonders wenn Freivorbauverfahren oder Klettergerüste angewendet werden.

Schließlich sei auf den besonderen Fall hingewiesen, daß eine Verwendung verschiedener Stahlsorten am gleichen Bauwerk mit Rücksicht auf die Spannungsausnutzung erwünscht ist. Ein solcher Fall liegt z. B. vor, wenn infolge Mitheranziehung einer Fahrbahntafel aus Flachblechen zum Tragen die Hauptträger eine unsymmetrische Ausbildung erhalten und durch Verschiebung der neutralen Achse in einem Gurt eine höhere Beanspruchung als im anderen bedingt ist[6]. Auch bei Verbundkonstruktionen kann dieser Fall eintreten.

2. Rohstoffwirtschaftliche Gründe.

Der Baustoff Stahl steht seit vielen Jahren und voraussichtlich auf weitere absehbare Zeit nicht in beliebiger Menge zur Verfügung. Es kommt also darauf an, mit der vorhandenen Rohstoffmenge einen möglichst großen Nutzen zu erzielen. Es ist bekannt, daß sich mit steigender Stahlverknappung, insbesondere seit Einführung der Eisenkontingentierung in Deutschland 1937 die Beschäftigung der Stahlbauindustrie mehr und mehr auf hochwertige Konstruktionen verlagert hat, d. h. auf solche, die einen hohen Arbeitsaufwand bei der Bearbeitung bedingen, dafür aber Stahl sparen. Dem gleichen Zweck, mit weniger Rohstoff größeren Nutzen zu erzielen, dient die sinnvolle Anwendung hochfester Baustähle.

3. Betriebswirtschaftliche Gründe.

Durch die Beschränkung der verarbeiteten Werkstoffmengen kann oft eine bessere Ausnutzung der vorhandenen Betriebseinrichtungen und damit ein wirtschaftlicheres Arbeiten

---

[6] Vgl. Winckel: Flachblechfahrbahn als Hauptträgergurtung von Stahlbrücken. Stahlbau 1939, Heft 7.

durch Sinken der Gemeinkosten erzielt werden. In der Stahlbauanstalt ist ferner das Transportproblem von entscheidender Bedeutung. Selbst in gut eingerichteten Werkstätten tritt immer wieder der Fall ein, daß die Fördermittel zeitweise nicht ausreichen und z. B. Maschinenarbeiter oder Zusammenbaukolonnen warten müssen, weil die Krane die Materialmasse zu bewältigen vorübergehend nicht in der Lage sind. Die Verwendung hochfester Stähle kann daher auch dadurch Vorteile bringen, daß bei gleichem Anfall an produktiven Arbeitsstunden geringere Massen zu transportieren sind.

4. Allgemeinwirtschaftliche Gründe.

Die durch hochfeste Stähle erreichte Gewichts- und Kosteneinsparung erleichtert dem Stahlbau seinen Konkurrenzkampf nicht nur mit anderen Bauweisen, sondern auch auf dem Auslandsmarkt, wo Fracht- und Zollersparnis für das verringerte Gewicht oft eine ausschlaggebende Rolle spielt.

Den Gründen, die für die Anwendung hochfester Stähle sprechen, stehen Schwierigkeiten gegenüber, die die theoretisch zu erwartende Gewichtsersparnis herabmindern und ganz aufzehren können. Diese Schwierigkeiten liegen in den Eigenschaften der Baustähle und in der Art der Bauaufgabe.

Nachteilig ist vor allem die Tatsache, daß die Elastizitätszahl E bei allen Baustählen gleich hoch ist. Dadurch schrumpft bei Baugliedern, die auf Knickung oder Beulung zu berechnen sind, die Ersparnis um so mehr zusammen, je mehr Schlankheitsgrad oder Vergleichsspannung sich dem elastischen Bereich nähert. Ferner kann aus dem gleichen Grunde in vielen Fällen wegen der Durchbiegung die höhere zulässige Beanspruchung der hochfesten Stähle nicht ausgenutzt werden, oder es muß eine größere Trägerhöhe als beim St 37 gewählt werden, wodurch die Wirtschaftlichkeit vermindert wird.

Eine zweite auf die vorteilhafte Verwendung ungünstig einwirkende Materialeigenschaft der hochfesten Stähle ist die gegenüber dem normalen Baustahl nur in geringem Maße vorhandene Steigerung der Dauerfestigkeit[7]. Hierdurch sind im Wechsel- und Schwellbereich höhere Beiwerte γ zur Berücksichtigung der Dauerbeanspruchung bedingt und damit Einschränkungen der Gewichtsersparnis.

Diese nachteilige Eigenschaft der hochfesten Stähle hat auch zu schlechten Erfahrungen mit der Schweißbarkeit und infolgedessen zu Vorschriften geführt, die die Gewichtseinsparung vermindern[8].

Schließlich ist noch die Tatsache nachteilig, daß die Nietverbindungen bei hochfesten Stählen nicht im Verhältnis der Streckgrenzen höher beansprucht werden dürfen. Der Gleitwiderstand ist bei festerem Material nicht höher, sondern eher geringer, besonders wenn ungeeignete Nietverfahren angewendet werden[9]. Wie Gaber[10] nachgewiesen hat, muß außerdem der Randabstand bei hochwertigen Nieten größer gewählt werden.

Aus der Bauaufgabe ergibt sich eine weitere Schwierigkeit, die theoretisch mögliche Gewichtsverringerung zu erreichen.

Jede Konstruktion enthält neben den durch die Festigkeitsberechnung erfaßten „tragenden Teilen", die im wesentlichen bis zur Grenze der zulässigen Beanspruchung ausgenutzt werden können, in mehr oder weniger großem Umfange Teile, die gar nicht oder nur

---

[7] Vgl. hierzu u. a. Schaper: Die Dauerfestigkeit der Baustähle. Bautechn. 1934, Heft 2. — Klöppel: Gemeinschaftsversuche zur Bestimmung der Schwellzugfestigkeit voller, gelochter und genieteter Stäbe aus St 37 und St 52. Stahlbau 1936, Heft 13/14. — Graf: Über Versuche mit Baustählen. Bauingenieur 1942, Heft 5/6.

[8] Vgl. u. a. Kommerell: Bestimmungen und Bauregeln für geschweißte vollwandige Eisenbahnbrücken. Bautechn. 1935, Heft 32. — Schaper: Internationale Aussprache in Zürich über die Schweißtechnik im Brückenbau. Bautechn. 1938, Heft 26. — Kühnel, Bewertung der Schweißbarkeit des St 52. Stahlbau 1943, Heft 19/20. — Graf: Beurteilung der Eigenschaft hochfester Baustähle für geschweißte Tragwerke. VDI Z. 1943, Heft 27/28.

[9] Vgl. hierzu Schaechterle: Die Nietverbindungen bei Brücken aus hochwertigen Stählen. Bautechn. 1928, Heft 7/8. — Kaiser: Versuche über die Abscher- und Lochleibungsfestigkeit von Nietverbindungen. Stahlbau 1931, Heft 8. — Klöppel: Technisch-wissenschaftliche Tätigkeit des D.St.V. Stahlbau 1935, Heft 4. — Graf: Nietverbindungen aus St 52. Stahlbau 1936, Heft 25. — Munzinger: Versuche mit Niete St 44. Stahlbau 1941, Heft 23/24.

[10] Gaber: Versuche an Nieten aus Siliziumbaustahl und gewöhnlichem Nietstahl. Stahlbau 1930, Heft 12.

schwach beansprucht sind. Hierzu gehören z. B. Aussteifungen, die nach dem erforderlichen Trägheitsmoment bemessen werden, Schotten, Bindungen, Knickverbände und Futter. Der Materialaufwand für diese Teile sinkt kaum bei höherer zulässiger Beanspruchung, so daß sie oft in St 37 ausgeführt werden, auch wenn die tragenden Teile aus hochfestem Stahl bestehen. Dies führt zu einer Vergrößerung der sogenannten Bauziffer für hochfeste Stähle und zu einer Verringerung der Gewichtsersparnis.

Zweck und Anlage der vorliegenden Arbeit.

Aus naheliegenden Gründen wurde der Frage der Wirtschaftlichkeit bei Einführung der hochfesten Stähle St 48 und 52 von vorneherein große Aufmerksamkeit geschenkt. Zahlreiche Veröffentlichungen berichten über die erreichte Gewichts- und Kostenersparnis. Bei näherer Nachprüfung zeigt sich allerdings oft, daß diese Angaben auf einem Vergleich des Ausführungsgewichtes mit nur geschätzten oder überschlägig ermittelten Gewichten in anderen Stahlsorten beruhen. In anderen Fällen liegen zwar durchgearbeitete Entwürfe in verschiedenen Stahlsorten vor, aber der Vergleich gibt ein falsches Bild, weil die Grundlagen für die einzelnen Entwürfe voneinander abweichen, z. B. verschiedene Ausfachungsarten oder Feldweiten zugrunde liegen. Ferner schwanken erklärlicherweise die Gewichtsersparniswerte erheblich, weil die besprochenen Vorteile und Nachteile hierauf je nach Bauart, Lagerungsart, Belastungshöhe und Abmessungen des Bauwerks verschieden stark einwirken.

Zweck der vorliegenden Arbeit ist es nun, den Einfluß der Stahlart auf das Gewicht und damit die Ersparnismöglichkeit durch Anwendung hochfester Baustähle gegenüber dem St 37 klarzustellen. Weil die Entwicklung in der Stahlerzeugung zeitweise die Stahleinsparung ohne Rücksicht auf die Kostenfrage in den Vordergrund stellte, soll ein Baustahl mit besonders hoher Streckgrenze in die Betrachtungen einbezogen werden, wodurch gleichzeitig Vorteile und Nachteile bei der Anwendung hochfester Stähle allgemein schärfer beleuchtet werden.

Weiter verfolgt die Arbeit den Zweck, allgemeingültige Formeln für das Gewicht und die Bauziffer von Vollwandträgern zu entwickeln und zweckmäßige Abmessungen für diese Träger vorzuschlagen, was systematische Untersuchungen über den Zusammenhang zwischen Trägerhöhe, Stahlart und Gewicht ermöglicht. Schließlich sollen Vorschläge für die Ergänzung und Abänderung der vorhandenen empirischen Gewichtsformeln für Bahnbrücken gemacht werden.

Bei Anlage und Durchführung der Untersuchungen wird folgendermaßen vorgegangen:

Im 1. Teil werden für Vollwandträger zunächst allgemeine Formeln für das Gewicht und die Bauziffer α entwickelt. Es zeigt sich, daß für Vollwandträger die Einführung einer Zuschlagziffer ζ vorteilhaft ist. Für α und ζ werden auf Grund zahlreicher praktischer Ausführungen Werte angegeben.

Theoretische Gewichtsformeln bestehen bisher für den Vollwandträger nicht, weil die Ermittlung der erforderlichen Querschnittsfläche und damit des Gewichts in der Regel verhältnismäßig einfach auf Grund einer ersten Bemessung nach überschläglicher Schätzung der ständigen Last durchzuführen ist.

Für den mit der vorliegenden Arbeit verfolgten Zweck ist aber eine allgemeingültige Gewichtsformel erwünscht. Die hier entwickelte Gewichtsformel für Vollwandträger geht davon aus, daß bei jeder Bemessung zunächst die Höhe und Dicke des Stegblechs festgelegt wird.

Um hierüber Grundsätzliches aussagen zu können, erweist es sich als nützlich, zunächst Vergleichsentwürfe in verschiedenen Stahlsorten mit den für jeden Stahl günstigsten Stegblechabmessungen gegenüberzustellen. Dies Verfahren ermöglicht es, nicht nur die praktisch erzielbare Gewichtsersparnis zu ermitteln, sondern auch Beziehungen zwischen Stegblechhöhe einerseits und Stegblechdicke und Aussteifungsaufwand andererseits festzulegen.

Nunmehr können grundsätzliche Erwägungen über den vollwandigen Träger angestellt werden, die zur Ermittlung von Mindestwerten und wirtschaftlich günstigsten Werten für die Stegblechhöhe und schließlich zu Vorschlägen für zweckmäßige Trägerabmessungen in den verschiedenen Stahlsorten führen. Hiernach kann die entwickelte Gewichtsformel zur Ermittlung der theoretisch erreichbaren Gewichtsersparnis benützt werden.

Da die Vergleichsentwürfe für frei aufliegende genietete eingleisige Bahnbrücken des Lastenzuges N durchgeführt wurden, wird der Einfluß hiervon abweichender Belastung, Bauweise und Lagerungsart anschließend untersucht.

Im 2. Teil werden zunächst die für **Fachwerkträger** bereits bestehenden Gewichtsformeln auf ihre Brauchbarkeit untersucht, die mögliche Gewichtsersparnis durch hochfeste Baustähle **theoretisch zu** ermitteln. In diesem Zusammenhang wird der entscheidende Einfluß der **Bauziffer** klargelegt.

Für eine Anzahl von Vergleichsentwürfen in verschiedenen Stahlsorten, aber mit gleicher Hauptträgerhöhe werden die Bauziffer und ihre Teilwerte für Hauptträger, Fahrbahn und Verbände ermittelt. Da hier von systematischen Untersuchungen über den Zusammenhang zwischen Trägerhöhe, Stahlart und Gewicht abgesehen wird, haben die für Fachwerkträger gezogenen Folgerungen nur begrenzte Gültigkeit und erlauben nur Schlüsse für die **Tendenz** der Wirksamkeit der verschiedenen Einflüsse auf das Gewicht.

Die Entwicklung theoretischer Gewichtsformeln für das **Fahrbahnträgergerippe** stößt auf Schwierigkeiten durch das stufenweise Springen der Einzelgewichte bei Verwendung von Walzträgern und durch die sprunghafte Änderung der Querträgeranzahl je nach Wahl der Feldweite für eine festliegende Hauptträgerstützweite. Außerdem besteht der gleiche Nachteil des schwer zu erfassenden Einflusses des Stegbleches wie für Vollwandträger allgemein. Am sichersten ist die Gegenüberstellung der Ergebnisse ausgearbeiteter Entwürfe.

Dieser Weg empfiehlt sich auch für die Ermittlung der Gewichtsersparnis bei **Wind-** und **Schlingerverbänden.**

Die bei den Vergleichsentwürfen für Bauwerke verschiedener Stützweiten, Systeme und Belastungen **praktisch** erzielte Gewichtsersparnis wird Angaben von anderer Seite gegenübergestellt. Dadurch wird die näherungsweise Bestimmung roher Mittelwerte für die Gewichtsersparnis möglich.

Sowohl die theoretische Behandlung auf Grund von Gewichtsformeln wie die praktische Ermittlung auf Grund von Vergleichsentwürfen erfolgt für 5 Stahlsorten:

nämlich die 4 heute gebräuchlichen Stähle St 37, St 48, St 46, St 52 und außerdem für einen Baustahl mit 75 kg/mm² Mindeststreckgrenze. Dieser im folgenden entsprechend seiner Festigkeit als St 90 bezeichnete Vergütungsstahl wurde deswegen gewählt, weil er in einem Sonderfall bereits angewandt wurde. Auf Vorschlag des Verfassers wurde eine Kranbrücke aus diesem Stahl für die Röchlingschen Eisen- und Stahlwerke ausgeführt, um dem Wunsche dieser Firma Rechnung zu tragen, den von ihr hergestellten Vergütungsstahl praktisch zu erproben. Entwurf und Ausführung lag in den Händen der Stahlbauanstalt B. Seibert G.m.b.H., Saarbrücken. Angaben über die Eigenschaften dieses Vergütungsstahls finden sich in einem Vortrag von Dr.-Ing. Kösters, Völklingen[2].

Die Ergebnisse beider Teile werden zu **Folgerungen für die praktische Anwendung** in zweifacher Hinsicht benutzt: zu Betrachtungen über die Anwendbarkeit des St 90 und zu Vorschlägen für empirische Gewichtsformeln für Bahnbrücken. Diese Vorschläge lehnen sich an die bekannteste und in der Praxis am meisten benutzte Sammlung derartiger Gewichtsformeln an, die von der Deutschen Reichsbahn herausgegeben ist[11].

Allgemeine Berechnungsgrundlagen für die Vergleichsentwürfe.

Bei der Ausarbeitung der Vergleichsentwürfe wurden die einschlägigen Vorschriften der Deutschen Reichsbahn[12] mit folgenden Ergänzungen zugrunde gelegt.

Die zulässige Beanspruchung für St 90 wurde auf Grund seiner Streckgrenze mit dem $\frac{75}{24} = 3{,}125$fachen Wert des St 37 festgelegt.

Die Stoßzahl φ wurde bei allen Entwürfen unter Annahme geschweißter Schienenstöße eingesetzt.

---

[11] Schaper: Feste stählerne Brücken. 6. Aufl. S. 15—21.

[12] Berechnungsgrundlagen für stählerne Eisenbahnbrücken (BE). 4. Aufl. Nachdruck Januar 1939. — Grundsätze für die bauliche Durchbildung stählerner Eisenbahnbrücken (GE). 3. Aufl. 1938. — Vorläufige Vorschriften für geschweißte vollwandige Eisenbahnbrücken. Ausgabe 1939.

Die Beiwerte γ zur Berücksichtigung der Dauerbeanspruchung wurden für St 48 in der gleichen Höhe wie für St 52 gemäß Zahlentafel 17 der BE eingeführt.

Vergleichsweise wurden aber außerdem Nachrechnungen für St 46 mit geringeren γ-Werten vorgenommen. Diese ergeben sich nach dem von Kommerell[13] vorgeschlagenen Verfahren aus dem Verhältnis der zulässigen Beanspruchung σ_{zul} zu der „zulässigen Spannung bei Dauerbeanspruchung" $\sigma_{U\,zul}$, die unter der Ursprungsfestigkeit σ_U liegt, und zu der „zulässigen Wechselspannung" $\sigma_{W\,zul}$. Bei Kommerell[14] findet sich auch der Hinweis, daß für genietete Brücken bei St 46 $\sigma_{U\,zul} = 17\,\text{kg/mm}^2$ und $\sigma_{W\,zul}$ wie bei St 37 und St 52 mit $10,8\,\text{kg/mm}^2$ anzunehmen ist.

Damit ergibt sich

$$\text{für}\quad \frac{\min S_\mathrm{I}}{\max S_\mathrm{I}} = -1: \quad \gamma_{-1} = \frac{\sigma_{zul}}{\sigma_{W\,zul}} = \frac{18,2}{10,8} = 1,685\,,$$

$$\text{für}\quad \frac{\min S_\mathrm{I}}{\max S_\mathrm{I}} = 0: \quad \gamma_0 = \frac{\sigma_{zul}}{\sigma_{U\,zul}} = \frac{18.2}{17,0} = 1,071\,,\quad \text{wenn } \max S_\mathrm{I} \text{ eine Zugkraft ist,}$$

dagegen wird $\gamma_0 = 1,0$, wenn max S_I eine Druckkraft ist.

Hieraus ergeben sich für den Verlauf der γ_{46}-Linie die Gleichungen:

$$\gamma_{46} = 1,071 - 0,614 \frac{\min S_\mathrm{I}}{\max S_\mathrm{I}} \quad \text{für den Bereich } -1 < \frac{\min S_\mathrm{I}}{\max S_\mathrm{I}} < +0,116, \tag{1}$$

$$\gamma_{46} = 1,000 - 0,685 \frac{\min S_\mathrm{I}}{\max S_\mathrm{I}} \quad \text{für den Bereich } -1 < \frac{\min S_\mathrm{I}}{\max S_\mathrm{I}} < 0. \tag{2}$$

Es gilt Gl. (1), wenn max S_I eine Zugkraft, Gl. (2), wenn max S_I eine Druckkraft ist.

In gleicher Weise werden Gleichungen für die Beiwerte γ für den St 90 entwickelt.

Kösters[2] schlägt vor, $\sigma_{U\,zul}$ mit $26\,\text{kg/mm}^2$ und $\sigma_{W\,zul}$ mit $20\,\text{kg/mm}^2$ anzunehmen. Nach Versuchen, die im Auftrage der Röchlingschen Eisen- und Stahlwerke, Völklingen, an der Materialprüfungsanstalt der Technischen Hochschule Stuttgart durchgeführt wurden, liegt die Ursprungsfestigkeit für den St 90 bei $\sigma_U = 26\,\text{kg/mm}^2$. Entsprechend dem von Kommerell[13] angewandten Verfahren wäre es daher richtig, die Werte $\sigma_{U\,zul}$ und $\sigma_{W\,zul}$ noch abzumindern. Die Beiwerte γ werden aber bereits bei den vorgeschlagenen Werten so ungewöhnlich hoch, vor allem im gesamten Schwellbereich, daß mit ihrer Anwendung eine ausreichende Berücksichtigung der Dauerbeanspruchung in jedem Fall gegeben sein dürfte. Es ergibt sich nämlich

$$\text{für}\quad \frac{\min S_\mathrm{I}}{\max S_\mathrm{I}} = -1: \quad \gamma_{-1} = \frac{\sigma_{zul}}{\sigma_{W\,zul}} = \frac{43,8}{20} = 2,19\,,$$

$$\text{für}\quad \frac{\min S_\mathrm{I}}{\max S_\mathrm{I}} = 0: \quad \gamma_0 = \frac{\sigma_{zul}}{\sigma_{U\,zul}} = \frac{43,8}{26} = 1,685\,,\quad \text{wenn } \max S_\mathrm{I} \text{ eine Zugkraft ist,}$$

dagegen wird $\gamma_0 = 1,0$, wenn max S_I eine Druckkraft ist.

Hieraus ergeben sich für den Verlauf der γ_{90}-Linie die Gleichungen:

$$\gamma_{90} = 1,685 - 0,505 \frac{\min S_\mathrm{I}}{\max S_\mathrm{I}} \quad \text{für den Bereich } -1 < \frac{\min S_\mathrm{I}}{\max S_\mathrm{I}} < 0, \tag{3}$$

$$\gamma_{90} = 1,685 - 0,685 \frac{\min S_\mathrm{I}}{\max S_\mathrm{I}} \quad \text{für den Bereich } 0 < \frac{\min S_\mathrm{I}}{\max S_\mathrm{I}} < +1 \tag{4}$$

und

$$\gamma_{90} = 1,00 - 1,19 \frac{\min S_\mathrm{I}}{\max S_\mathrm{I}} \quad \text{für den Bereich } -1 < \frac{\min S_\mathrm{I}}{\max S_\mathrm{I}} < 0. \tag{5}$$

Es gilt Gl. (3) und (4), wenn max S_I eine Zugkraft, Gl. (5), wenn max S_I eine Druckkraft ist.

---

[13] Kommerell: γ-Verfahren zur Berücksichtigung wechselnder und schwellender Spannungen bei dynamisch beanspruchten Stahlbauwerken. Bautechn. 1934, Heft 2 u. 3.
[14] Kommerell: Erläuterungen zu den Vorschriften für geschweißte Stahlbauten. II. Teil. 1942, S. 75.

Der Verlauf der γ-Linien ist für alle betrachteten Baustähle in Abb. 1 angegeben.

Die Knickspannungen σ_k und die Knickzahlen ω wurden für die Baustähle St 37, 48 und 52 den entsprechenden Tafeln der BE entnommen, für St 46 wurden die Werte des Baustahls St 48 zugrunde gelegt. Für den St 90 wurden Knickspannungen und Knickzahlen

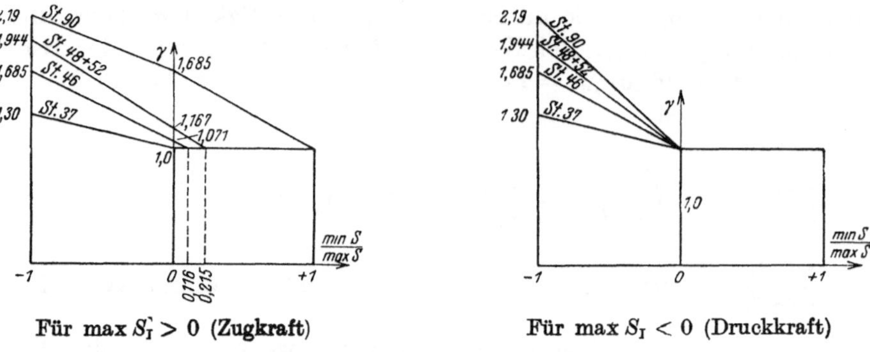

Abb. 1. Verlauf der γ-Linien.

unter Beibehaltung der gleichen Knicksicherheit wie bei St 37 und St 52 theoretisch bestimmt. Der sich beim Schlankheitsgrad $\lambda = 90$ ergebende Knick in der ω-Kurve wurde vermittelt.

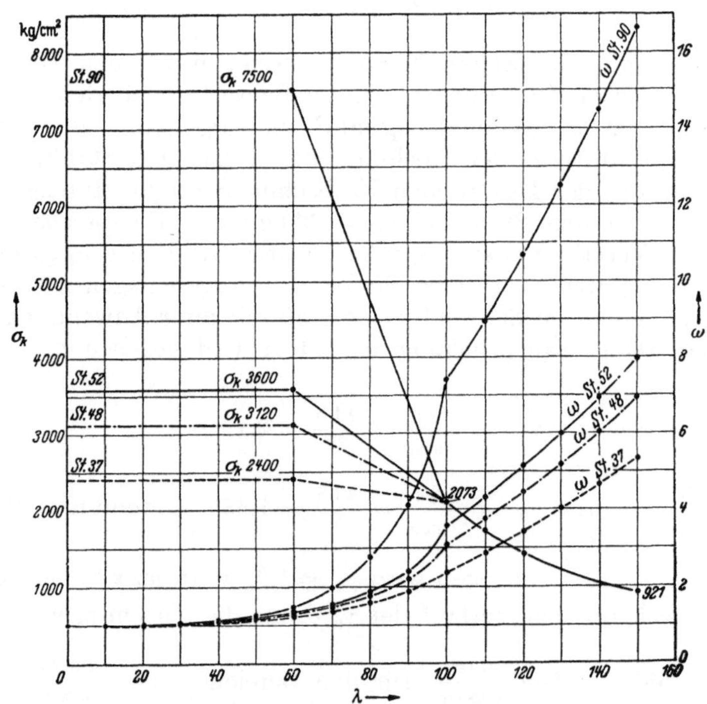

Abb. 2. Abhängigkeit der Knickspannung σ_K und der Knickzahl ω von der Schlankheit λ gemäß BE.

In Abb. 2 sind die σ_k- und ω-Werte für alle betrachteten Stahlsorten in Abhängigkeit von λ aufgetragen.

Nach DIN E 4114[15] würden sich übrigens ω-Werte ergeben, die von den angewendeten Werten abweichen. Dieser Vorschriftsentwurf, dem vor allem Vorschläge von Hartmann und Chwalla zugrunde liegen, sieht bekanntlich die Festlegung einer Knicksicherheit $\nu = 1{,}71$ für alle Stahlarten und Schlankheitsgrade vor. In dem von Gehler verfaßten 2. Teil der

---

[15] Knick- und Beulvorschriften für Baustahl vom 1. November 1939.

Erläuterungen zur Bemessung von Knickstäben werden von Karig entwickelte Grundgleichungen für die ω-λ-Linie vorgeschlagen, die für St 37 und St 52 lauten:

$$\omega_{37} = 1 + 2\left(\frac{\lambda - 20}{100}\right)^2, \tag{6}$$

$$\omega_{52} = 1 + 3\left(\frac{\lambda - 20}{100}\right)^2. \tag{7}$$

Bei sinngemäßer Anwendung auf die anderen Stahlsorten ergeben sich die in Abb. 3 in Abhängigkeit von λ aufgetragenen Werte für σ_K und ω. Ein Vergleich zeigt, daß die Kurve der ω-Werte für St 90 im Bereich $60 < \lambda < 100$ sich in Abb. 3 besser der Eulerlinie anpaßt

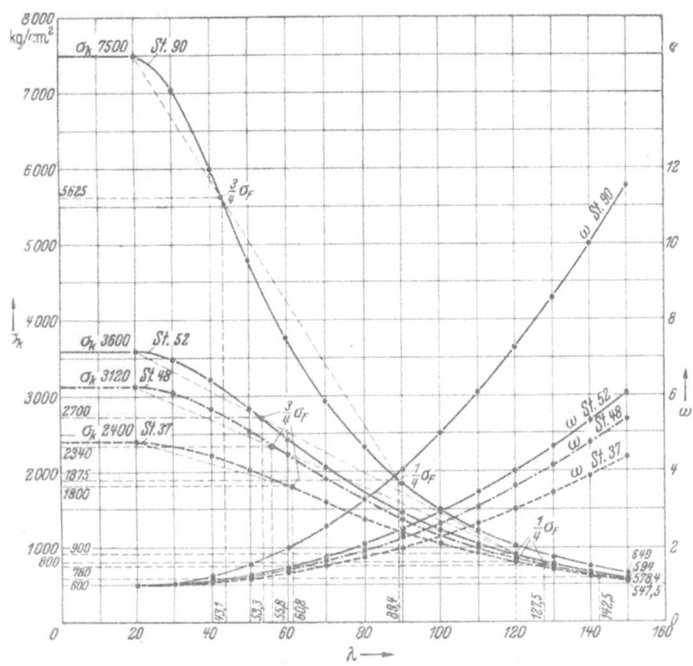

Abb. 3. Abhängigkeit der Knickspannung σ_K und der Knickzahl ω von der Schlankheit λ gemäß DIN E 4114.

Gleichung der ω-λ-Linie:

$$\omega_{37} = 1 + 2\left(\frac{\lambda - 20}{100}\right)^2, \qquad \omega_{48} = 1 + 2{,}6\left(\frac{\lambda - 20}{100}\right)^2.$$

$$\omega_{52} = 1 + 3\left(\frac{\lambda - 20}{100}\right)^2, \qquad \omega_{90} = 1 + 6{,}25\left(\frac{\lambda - 20}{100}\right)^2.$$

als in Abb. 2. Es erscheint aber nicht berechtigt, einseitig für St 90 die neu vorgeschlagenen Werte anzuwenden und dabei für die anderen Stahlsorten es bei den Werten der Vorschrift zu belassen.

Die Beulsicherheit wurde nach DIN E 4114 nachgewiesen, die gegenüber den vorläufigen Vorschriften der BE nur geringe Abweichungen aufweist.

Der Erhöhung der Biegemomente für Fahrbahn-Längsträger wurden gleichfalls die Bestimmungen der BE zugrunde gelegt, wobei die für St 52 geltenden Werte auch für St 48, St 46 und St 90 angewandt wurden. Der Koeffizient wurde $\varkappa$ genannt.

Als zulässige rechnerische Durchbiegung unter der ruhenden Verkehrslast wurde für St 37, St 48 und St 46 $\frac{1}{900}$ und für St 52 und St 90 $\frac{1}{700}$ der Stützweite eingesetzt. Die Zulassung einer höheren Durchbiegung für St 52 ist an sich ungerechtfertigt und nur als einseitiges Zugeständnis aufzufassen, um die Anwendung dieses Stahls zu erleichtern. Die Vorschrift besagt, daß dieser Durchbiegungswert „ausnahmsweise" zuzulassen sei. In der Praxis wird aber dieser Wert namentlich bei Vollwandträgern fast stets zugrunde gelegt, um die wirtschaftliche Anwendung des St 52 zu ermöglichen.

Im Einklang mit den Vorschriften wurden bei den Vergleichsentwürfen für hochfeste Stähle geringere Materialdicken und Winkelschenkelbreiten zugelassen als für St 37. Angaben darüber sind am Schluß dieses Abschnittes in Zahlentafel 2 gemacht. Auch in diesem Punkt ist die Berechtigung der Vorschriften umstritten, wenn es sich nicht um Stähle handelt, die durch Zusatz von Kupfer oder Molybdän eine größere Witterungsbeständigkeit besitzen als normaler Stahl. Der geringe Zusatz von 0,2 bis 0,3% Cu steigert die Lebensdauer des Baustahls um mindestens 50%[16]. Interessant ist auch, daß der Zusatz von Molybdän nicht nur die Lebensdauer des Stahls selbst steigert, sondern auch bewirkt, daß der Schutzanstrich länger hält[17].

Es liegt außerhalb des Rahmens dieser Arbeit, die Eigenschaften der verschiedenen Baustähle kritisch zu betrachten und einander gegenüberzustellen. Für die Untersuchungen sollen nur die behördlichen Vorschriften maßgebend sein. Auch beim St 90 wird keine Stellung genommen zu der entscheidenden Frage seiner praktischen Anwendung auf Grund seiner Materialeigenschaften, von denen der niedrige Dehnungswert von rd. 12% trotz günstiger Kerbschlagzähigkeit gewisse Bedenken hervorruft.

Die Zahlentafel 2 gibt eine Zusammenstellung der wichtigsten Grundlagen für die verglichenen Baustähle. Als Vergleichsmaßstab dient neben den in der Tafel ebenfalls eingetragenen Werten für die Traglänge nach Engeßer und die verwertbare Traglänge nach Fuchs der „Gütewert" bezogen auf den Wert 1 für St 37.

Zahlentafel 2. *Zusammenstellung für die verglichenen Baustähle.*

	St 37	St 48	St 46	St 52	St 90
Mindestzugfestigkeit σ_B . . . kg/mm²	37	48	46	52	90
Traglänge σ_B/γ . . . . m	4713	6115	5860	6624	11465
Mindeststreckgrenze σ_S . . . . kg/mm² (für die Berechnung)	24	31,2	31,2	36	75
Zulässige Beanspruchung σ_{zul} . kg/cm²	1400	1820	1820	2100	4380
Verwertbare Traglänge σ_{zul}/γ . . . . m	1783	2318	2318	2675	5580
„Gütewert" bezogen auf St 37	1,0	1,3	1,3	1,5	3,125
Zulässige Durchbiegung $\frac{fp}{l}$	$\frac{1}{900}$	$\frac{1}{900}$	$\frac{1}{900}$	$\frac{1}{700}$	$\frac{1}{700}$
Kleinste verwendete Materialdicke . mm	9	8	8	8	7
Kleinste verwendete Winkelprofile . mm	∟ 80 · 10 ∟ 65 · 100 · 9	∟ 70 · 9 ∟ 65 · 100 · 9	∟ 70 · 9 ∟ 65 · 100 · 9	∟ 70 · 9 ∟ 65 · 100 · 9	∟ 65 · 7 ∟ 65 · 100 · 7

[16] Nach Franke: Nichtrostende und schwerrostende Stähle für den Stahlbau. Stahlbau 1930, Heft 23.
[17] Nach Wiessner: Molybdän-Kupfer-Stahl (witterungsbeständiger Stahl). Bautechn. 1932, Heft 37.

I. Teil

Vollwandträger.

Bei Brücken mit vollwandigen Hauptträgern werden Fahrbahnteile und Verbände wohl stets aus St 37 bestehen. Die Ausbildung von Fahrbahn und Verbänden ist bei Blechträgerbrücken nicht wie bei Fachwerkbrücken vom Knotenpunktsabstand der Hauptträger abhängig. Ein Querträgerabstand von 6,0 m wird daher bei Blechträgerbrücken im allgemeinen nicht überschritten, weil größere Entfernungen einen unnötigen Materialaufwand bedingen würden. Bei kleinen Fahrbahnträger-Stützweiten hat die Verwendung von hochfestem Stahl keinen Zweck, wie im 2. Teil nachgewiesen wird. Bei Hauptträgern großer Spannweite mit weitmaschigem Strebenfachwerk, beträgt dagegen die Längsträgerstützweite meist 10 bis 20 m, so daß die Verwendung von St 52 für die Fahrbahnträger die Regel ist. Die Ausführungen in den letzten Jahren bestätigen das. Während z. B. bei den Rheinbrücken Neuwied, Maxau und Speyer[18] die Fahrbahnträger aus St 52 bestanden, wurden bei den aus St 52 bestehenden großen Vollwandbalken der letzten Zeit die Fahrbahnteile durchweg in St 37 ausgeführt. Als Beispiele seien erwähnt die Flügelwegbrücke Dresden[19], die Elbebrücke Meißen[20], und an Reichsautobahnbrücken: die Mangfallbrücke[21], die Elbebrücke Dresden[22], die Oderbrücke Berlin-Stettin[23], die Muldenbrücke Siebenlehn[24], die Sulzbachbrücke Denkendorf[25], die Werratalbrücke Hann.-Münden[26], die Mainbrücke Griesheim[27], die Urselbachtalbrücke[28], der Talübergang Bergen[29] und die Lauterbachtalbrücke[30].

Die Verbände wird man ebenfalls selbst bei großen Stützweiten in St 37 ausführen, wie das nicht nur bei den genannten Vollwandbrücken, sondern auch bei den erwähnten großen Fachwerkbrücken der Fall ist.

Hiernach ist es berechtigt, den Gewichtsvergleich bei Blechträgerbrücken auf die Hauptträger zu beschränken.

Das Gewicht der Fahrbahnträger, der Fahrbahntafel, der Verbände und der Fußwege wird bei der theoretischen Bestimmung des Hauptträgergewichtes benötigt. Es kann für diesen Zweck genau genug aus empirischen Formeln ermittelt werden. Für Bahnbrücken werden hierbei zweckmäßig die Vorschläge der Tafeln 71 bis 73 benutzt.

A. Theoretische Gewichtsformeln.

Für die Vorausbestimmung des Eigengewichtes von Vollwandträgern genügen in der Regel empirische Formeln oder Schätzungen, deren Zutreffen durch eine überschlägliche Be-

---

[18] Vgl. Hömberg: Die Rheinbrücke Neuwied. Bautechn. 1935, Heft 45, und die Ausführungen von Schaper über die neuen Rheinbrücken bei Maxau und Speyer in „Der Brückenbau und Ingenieurhochbau der Deutschen Reichsbahn im Jahre 1936". Bautechn. 1937, Heft 3.

[19] Koch: Die Flügelwegbrücke bei Dresden. Bautechn. 1930, Heft 28.

[20] Gruhle u. Kirsten: Neue Straßenbrücke über die Elbe bei Meißen. Bautechn. 1935, Heft 18.

[21] Aurnhammer: Die Mangfallbrücke. Bautechn. 1935, Heft 47.

[22] Weiß: Die Elbebrücke der Reichsautobahn bei Dresden. Bautechn. 1935, Heft 35.

[23] Worch: Die Oderbrücke im Zuge der Reichsautobahn Berlin—Stettin. Bauingenieur 1937, Heft 19/22.

[24] Schreiner: Die Muldenbrücke bei Siebenlehn. Bauingenieur 1937, Heft 43/44.

[25] Schaechterle: Die Sulzbachbrücke bei Denkendorf. Bautechn. 1936, Heft 36.

[26] Zillinger: Die Autobahnbrücke über das Werratal bei Hann.-Münden. Bauingenieur 1937, Heft 23/24.

[27] Ernst: Die Reichsautobahnbrücke über den Main bei Frankfurt a. M. Bautechn. 1937, Heft 8.

[28] Ernst: Die Reichsautobahnbrücke über das Urselbachtal. Bautechn. 1937, Heft 27/28.

[29] Börner u. Lettner: Der Talübergang Bergen der Reichsautobahn München—Salzburg. Bauingenieur 1937, Heft 5/6.

[30] Ernst u. Heuser: Die Lauterbachtalbrücke bei Kaiserslautern. Bautechn. 1938, Heft 21.

messung nachgeprüft wird. Für den hier verfolgten Zweck ist aber eine für alle Baustahlsorten gültige Gewichtsformel erwünscht, aus der für alle in Frage kommenden Stützweiten die Gewichte für die verschiedenen Stahlsorten auf gleicher Grundlage und mit genügender Genauigkeit ermittelt werden können, so daß durch Vergleich die Gewichtsersparnis festgestellt werden kann.

Das Gewicht eines vollwandigen Hauptträgers mit abgestuftem Querschnitt, also mit wechselnder Gurtplattenzahl. beträgt:

$$G_h = (F_0 \cdot l_0 + F_1 \cdot l_1 + \cdots + F_n \cdot l_n) \cdot \frac{\gamma \cdot \alpha}{10\,000} \quad \text{in t.} \tag{8}$$

Hierin bedeutet F den Flächeninhalt in cm² des Querschnittes mit 0,1 oder n Gurtplatten und l die Länge in m, auf welche der betreffende Querschnitt durchgeführt ist. Es muß also $\Sigma l_n = L$ in m die Gesamtlänge des Vollwandträgers sein. Der Buchstabe γ in dieser Formel bezeichnet das Raumgewicht, hat also für alle Stahlsorten den Wert 7,85 in t/m³, α ist die Bauziffer. Der Wert 10 000 berücksichtigt, daß F in cm² statt in m² eingesetzt wurde. Man kann die Querschnittsfläche des symmetrischen Trägers durch die äußeren Kräfte ausdrücken, wenn man folgende Beziehungen beachtet:

Aus dem Ausdruck für den Trägheitshalbmesser $i^2 = J/F$ in cm² und der Definition der Kernweite des symmetrischen Trägers $w = \dfrac{i^2}{h/2}$ in cm folgt:

$$F = \frac{2\,J}{h \cdot w} \quad \text{in cm².} \tag{9}$$

Für das Biegungsmoment der äußeren Kräfte gilt:

$$M = W_n \cdot \sigma_{\text{zul}} = \frac{J_n}{h/2} \cdot \sigma_{\text{zul}} \quad \text{in tcm,} \tag{10}$$

wenn J_n in cm⁴, h in cm und σ_{zul} in t/cm² eingesetzt wird.

Wenn hiernach $\dfrac{2}{h} = \dfrac{M}{J_n \cdot \sigma_{\text{zul}}}$ in Gl. (9) eingeführt wird, ergibt sich:

$$F = \frac{M}{\sigma_{\text{zul}} \cdot w} \cdot \frac{J}{J_n} \quad \text{in cm².} \tag{11}$$

Damit geht der Ausdruck der Gl. (8) für das Hauptträgergewicht über in:

$$G_h = \left(\frac{M_0 \cdot l_0}{w_0} + \frac{M_1 \cdot l_1}{w_1} + \cdots + \frac{M_n \cdot l_n}{w_n} \right) \cdot \frac{7{,}85 \cdot \alpha}{\sigma_{\text{zul}} \cdot 10\,000} \cdot \frac{J}{J_n} \quad \text{in t.} \tag{12}$$

Zur Vereinfachung soll der Klammerausdruck durch einen entsprechend reduzierten Wert für den größten Querschnitt und das größte Biegungsmoment ersetzt werden, wobei an Stelle der Gesamtlänge L des Trägers die Stützweite l treten soll. Die Nachrechnung für zahlreiche Beispiele ergab, daß mit genügender Genauigkeit gesetzt werden kann:

$$\left(\frac{M_0 \cdot l_0}{w_0} + \frac{M_1 \cdot l_1}{w_1} + \cdots + \frac{M_n \cdot l_n}{w_n} \right) = 0{,}86 \, \frac{M_{\max} \cdot l}{w_{\max}} . \tag{13}$$

Andererseits liegt der Wert J_n/J zwischen 0,84 und 0,88, und zwar unabhängig von der Baustahlsorte.

Mit genügender Genauigkeit kann ein Mittelwert J_n/J von 0,86 zugrunde gelegt werden. Mit Berücksichtigung des Festwertes 0,86 der Gl. (12) und (13) folgt:

$$G_h = \frac{M_{\max} \cdot l \cdot 7{,}85\,\alpha}{\sigma_{\text{zul}}^z \cdot w_{\max} \cdot 10\,000} \quad \text{in t} \ [31] \tag{14}$$

und der Ausdruck für die Bauziffer α eines Vollwandträgers zu

$$\alpha = \frac{G_h}{\dfrac{M_{\max} \cdot l \cdot 7{,}85}{\sigma_{\text{zul}} \cdot w_{\max} \cdot 10\,000}} , \tag{15}$$

hierin ist $M_{\max}$ in tcm, l in m, 7,85 das Raumgewicht des Stahls in t/m³, σ_{zul} in t/cm² und $w_{\max}$ in cm einzusetzen.

---

[31] Fuchs hat bereits in seiner unter [4] erwähnten Dissertation darauf aufmerksam gemacht, daß für theoretische Gewichtsbestimmungen beim vollwandigen Träger der Kernpunktabstand an die Stelle der Netzhöhe beim Fachwerkträger treten muß.

Diese Formel für α entspricht dem in der BE für die Bauziffer von Fachwerkträgern angegebenen Ausdruck.

Zur Begriffsbestimmung der Bauziffer und ihrer beiden wichtigsten Teilwerte dienen drei Grundbegriffe der Gewichtsermittlung, nämlich das „Grundgewicht" G_{gr}, das „theoretische Gewicht" G_{th} und das „wirkliche Gewicht" G_w.

Dem Grundgewicht liegen die Grundlagen der Bemessung: äußere Kräfte und zulässige Beanspruchung zugrunde, es wird durch den Nennerausdruck der Gl. (15) wiedergegeben.

$$G_{gr} = \frac{M_{\max} \cdot l \cdot 7{,}85}{\sigma_{\text{zul}} \cdot w_{\max}} \text{ in t,} \tag{16}$$

wenn $M_{\max}$ in tm, σ_{zul} in t/m², l und $w_{\max}$ in m eingeführt werden.

Wenn man statt von den Grundlagen vom Ergebnis der Bemessung der „tragenden Teile" ausgeht, so ergibt sich das theoretische Gewicht zu

$$G_{th} = F_{\max} \cdot l \cdot 7{,}85 \text{ in t,} \tag{17}$$

wo $F_{\max}$ den größten Trägerquerschnitt in m², l die Stützweite in m und 7,85 das Raumgewicht des Stahls in t/m³ bedeutet.

Das wirkliche Gewicht G_w entspricht der praktischen Ausführung.

Die Differenz $G_{th} - G_{gr}$ stellt den Materialaufwand dar, der aus mancherlei Gründen, vor allem durch Berücksichtigung des Nietabzuges und der Dauerbeanspruchung und infolge mangelhafter Spannungsausnutzung entsteht.

Die Differenz $G_w - G_{th}$ gibt den Materialaufwand für Stöße, Aussteifungen, Futter und Nietköpfe an, den man als „Zuschlag" in engerem Sinne zu bezeichnen pflegt.

Das Verhältnis G_w/G_{th} soll daher als „Zuschlagziffer" ζ bezeichnet werden. Das Mehrgewicht für die Überstände des Trägers über die Auflager und das Mindergewicht für die Ablängung der Gurtplatten wird durch ζ miterfaßt.

Das Verhältnis G_w/G_{gr} ist die „Bauziffer" α. Die Bauziffer gilt allgemein zur Ermittlung des wirklichen Gewichts aus dem Grundgewicht, außerdem aber auch als Maßstab für sparsame und geschickte Konstruktion, also zur Beurteilung der Güte eines Entwurfs. Die zweite Aufgabe kann der Ausdruck Gl. (15) erfüllen, für die erste Aufgabe eignet sich die Formel nicht. Es wäre sinnwidrig, zur Ermittlung des Gewichts zunächst die Kernweite zu bestimmen, weil hierfür der Trägerquerschnitt festliegen muß, aus dem man das Gewicht unmittelbar ableiten kann.

Zur Entwicklung einer theoretischen Gewichtsformel ist also Gl. (14) praktisch unbrauchbar.

Da beim Entwurf eines Vollwandträgers die Stegblechhöhe h_s vor der eigentlichen Bemessung festgelegt wird, liegt es nahe, in Gl. (14) $w_{\max}$ durch h_s auszudrücken.

Für eine große Anzahl von Blechträgerquerschnitten wurde das Verhältnis $w_{\max}/h_s$ mit Werten zwischen 0,290 und 0,375 festgestellt. Der Mittelwert 0,34 ist hinreichend genau, wenn h_s in einem praktisch richtigen Verhältnis zur Stützweite l steht, wovon noch ausführlich die Rede sein wird.

Die Gewichtsformel soll nun für den frei aufliegenden Träger mit dem größten Biegungsmoment

$$M_{\max} = \frac{(g_h + g_0 + \varphi\, p)\, l^2}{8} \text{ in tm} \tag{18}$$

weiter entwickelt werden.

Hierin ist g_h das Hauptträgergewicht in t/m, g_0 das Gewicht der übrigen ständigen Last, also im wesentlichen das des Oberbaues, der Fahrbahn und der Verbände in t/m, p der Belastungsgleichwert der Verkehrslast in t/m und φ die Stoßzahl.

Durch Einsetzung von $M_{\max}$ in tm, σ_{zul} in t/m² und von h_s in dem Ausdruck $w_{\max} = 0{,}34\, h_s$ in m fällt der Wert 10000 im Nenner der Gl. (14) fort und es ergibt sich:

$$G_h = g_h \cdot l = \frac{(g_h + g_0 + \varphi\, p)\, l^3 \cdot 7{,}85 \cdot \alpha}{8 \cdot \sigma_{\text{zul}} \cdot 0{,}34\, h_s} \text{ in t.} \tag{19}$$

Die Herausziehung von g_h ergibt:

$$G_h = g_h \cdot l = \frac{(g_0 + \varphi\, p) \cdot l^2}{\dfrac{0{,}346 \cdot \sigma_{zul}}{\alpha} \cdot \dfrac{h_s}{l} - l} \quad \text{in t.} \tag{20}$$

Die Gewichtsformel (18) hat für die praktische Anwendung zwei Nachteile. Die Annahme eines festen Wertes für w_{max}/h_s kann erhebliche Ungenauigkeiten mit sich bringen, wenn das Verhältnis h_s/l aus irgendwelchen Gründen vom zweckmäßigen Wert abweicht. Andererseits ist es oft schwierig, für α einen gut zutreffenden Wert festzulegen, weil auf die Bauziffer mehrere Faktoren einwirken, die verschiedenartigen Gesetzen folgen.

Zu einer brauchbaren Gewichtsformel gelangt man, wenn man statt vom Grundgewicht G_{gr} vom theoretischen Gewicht G_{th} ausgeht. Wenn man in Gl. (17) F_{max} in cm² einsetzt, ist

$$G_{th} = F_{max} \cdot l \cdot \frac{7{,}85}{10000} \quad \text{in t.} \tag{21}$$

Mit einer Aufteilung der Gesamtquerschnittsfläche F_{max} in die Querschnittsflächen der Gurte und des Steges und Einführung der Zuschlagziffer ζ ergibt sich:

$$G_h = g_h \cdot l = F_{max} \cdot l \cdot \frac{7{,}85 \cdot \zeta}{10000} = (F_{\text{Gurte}} + F_{\text{Steg}}) \cdot \frac{l \cdot 7{,}85 \cdot \zeta}{10000} \quad \text{in t.} \tag{22}$$

Das Trägheitsmoment des Gesamtquerschnittes mit der Stegblechhöhe h_s in cm und der Stegblechdicke t in cm ist, wenn man $F_{\text{Steg}} = h_s \cdot t$ setzt:

$$J = \frac{h_s^3 \cdot t}{12} + F_{\text{Gurte}} \cdot \left(\frac{h_s}{2}\right)^2 = \frac{h_s^2}{4} \cdot \left(\frac{1}{3} F_{\text{Steg}} + F_{\text{Gurte}}\right) \quad \text{in cm}^4. \tag{23}$$

Hierbei wurde zulässigerweise das sehr kleine Trägheitsmoment der Gurte um die eigene Schwerachse vernachlässigt. Der Abstand des Gurtschwerpunktes von der neutralen Achse des Gesamtquerschnittes wurde der halben Stegblechhöhe gleichgesetzt, was für genietete Träger mit großer Genauigkeit, für geschweißte Träger mit geringer Abweichung zutrifft.

Das Widerstandsmoment des Gesamtquerschnittes W folgt, weil $W = \dfrac{J}{h_r/2}$ in cm³, wo h_r in cm der Abstand der Randfaser von der neutralen Achse ist, aus Gl. (23) zu

$$W = \frac{h_s}{h_r} \cdot \frac{h_s}{2} \left(\frac{1}{3} F_{\text{Steg}} + F_{\text{Gurte}}\right) \quad \text{in cm}^3. \tag{24}$$

Andererseits lautet der Ausdruck für das n u t z b a r e Widerstandsmoment W_n

$$W_n = \frac{\gamma \cdot M_{max}}{\sigma_{zul}} \quad \text{in cm}^3, \tag{25}$$

wenn M_{max} das größte Biegungsmoment in tcm, σ_{zul} die zulässige Beanspruchung in t/cm² und γ der Beiwert zur Berücksichtigung der Dauerbeanspruchung ist.

Mit $W = W_n \cdot \dfrac{J}{J_n}$ in cm³, worin J_n das nutzbare Trägheitsmoment in cm⁴ bedeutet, folgt:

$$\frac{\gamma \cdot M_{max}}{\sigma_{zul}} \cdot \frac{J}{J_n} \cdot \frac{2}{h_s} \cdot \frac{h_r}{h_s} = \frac{1}{3} F_{\text{Steg}} + F_{\text{Gurte}} \quad \text{in cm}^2. \tag{26}$$

Hieraus ergibt sich der Ausdruck für die Gesamtfläche des Querschnittes ΣF in cm² durch Hinzufügung von $\frac{2}{3} F_{\text{Steg}} = \frac{2}{3} h_s \cdot t$ in cm² zu

$$\Sigma F = \frac{\gamma \cdot M_{max}}{\sigma_{zul}} \cdot \frac{J}{J_n} \cdot \frac{2}{h_s} \cdot \frac{h_r}{h_s} + \frac{2}{3} h_s t \quad \text{in cm}^2. \tag{27}$$

Hieraus folgt für den frei aufliegenden Träger[32] mit den Bezeichnungen und Dimensionen der Gl. (18) das Hauptträgergewicht zu

$$G_h = g_h \cdot l = \left(\frac{\gamma\,(g_h + g_0 + \varphi\, p)\, l^2}{\sigma_{zul}\, 8} \cdot \frac{2}{h_s} \cdot \frac{J \cdot h_r}{J_n \cdot h_s} + \frac{2}{3} h_s \cdot t\right) \cdot l \cdot 7{,}85 \cdot \zeta \quad \text{in t.} \tag{28}$$

---

[32] Grundsätzlich kann die Formel auch für andere Trägersysteme, insbesondere den durchlaufenden Träger entwickelt werden. In diesem Fall ist das größte Feldmoment einzusetzen. Die Formelwerte würden sich auch dadurch ändern, daß man den Wert φp aus der maßgebenden Belastungslänge ermitteln muß, die beim Durchlaufträger umständlicher festzustellen ist. Ein wesentlicher Einfluß auf die Gewichtsersparnis, auf die es bei dieser Untersuchung vor allem ankommt, ist aber hiervon nicht zu erwarten.

Durch Einsetzung von $M_{\max}$ in tm, σ_{zul} in t/m², h_s, h_r, t und l in m fällt der Wert 10000 im Nenner der Gl. (22) fort.

Die Auflösung nach g_h ergibt:

$$G_h = g_h \cdot l = \frac{3\gamma\,(g_0 + \varphi\,p)\,l^2\,\dfrac{J \cdot h_r}{J_n \cdot h_s} + 8\sigma_{zul} \cdot h_s^2 \cdot t}{\dfrac{12\sigma_{zul} \cdot h_s}{7{,}85\,\zeta} - 3\gamma \cdot l^2\,\dfrac{J \cdot h_r}{J_n \cdot h_s}} \cdot l \quad \text{in t.} \tag{29}$$

Nach früher Gesagtem kann $\dfrac{J}{J_n} = \dfrac{1}{0{,}86} = 1{,}16$ gesetzt werden, während $\dfrac{h_r}{h_s}$ auf Grund vieler Ausführungen hinreichend genau mit 1,04 angenommen werden kann. Damit kann der Ausdruck $\dfrac{J}{J_n} \cdot \dfrac{h_r}{h_s}$ mit 1,21 eingesetzt werden, so daß sich nach Ausrechnung der Zahlenwerte die Grundformel ergibt:

$$G_h = g_h \cdot l = \frac{\gamma\,(g_0 + \varphi\,p) + 2{,}2\left(\dfrac{h_s}{l}\right)^2 \cdot t \cdot \sigma_{zul}}{0{,}42\left(\dfrac{h_s}{l}\right)\dfrac{\sigma_{zul}}{\zeta} - \gamma \cdot l}\,l^2 \quad \text{in t.} \tag{30}$$

Mit Gl. (30) ist eine allgemeingültige Gewichtsformel für frei aufliegende Vollwandträger gefunden. Die Benutzung der Formel setzt voraus, daß außer σ_{zul} und l auch g_0, $\varphi\,p$, γ, ζ, t und das Verhältnis h_s/l bekannt sind.

Über die Feststellung von g_0 wurde bereits das Nötige gesagt, $\varphi\,p$ wird aus φM_p, γ durch überschlägliche Ermittlung der maßgebenden Biegungsmomente max M_I und min M_I leicht ermittelt.

Für die Zuschlagziffer ζ werden im nächsten Abschnitt Angaben gemacht. Für t und h_s/l werden in den weiteren Ausführungen zweckmäßige Werte in Abhängigkeit von der Stützweite l angegeben.

B. Die Bauziffer α und die Zuschlagziffer ζ.

Da Angaben für die Höhe der Bauziffer von Vollwandträgern bisher von keiner Seite gemacht wurden, sollen hier zunächst Zahlen für die Bauziffer $\alpha = G_w/G_{gr}$ und die Zuschlagziffer $\zeta = G_w/G_{th}$ genannt werden, die für über 100 ausgeführte Blechträger ermittelt wurden. Hierbei handelt es sich durchweg um eingleisige Bahnbrücken mit verschiedener Fahrbahnausbildung, die aber ohne Einfluß auf die Höhe von α und ζ ist. Dagegen wirkt sich die Größe der Belastung aus, so daß für Lastenzug N und E getrennte Werte ermittelt wurden. Die Mehrzahl dieser Brücken wurde in St 37 gebaut; für diejenigen Fälle, in denen sich die kleinsten und größten Werte für α und ζ ergaben, wurden Bemessungen in St 48 und St 52 durchgeführt, um vergleichbare Zahlen zu erhalten.

Die so ermittelten Werte sind für α in der Zahlentafel 3, für ζ in Zahlentafel 4 zusammengestellt. Sie wurden ergänzt durch die entsprechenden Angaben für durchgearbeitete Vergleichsentwürfe.

Nach	Ausführungen						Vergleichsentwürfen Beispiel 1—7		
Lastenzug	N			E			N		
	Kleinst-Wert	Größt-Wert	Mittel-Wert	Kleinst-Wert	Größt-Wert	Mittel-Wert	Kleinst-Wert	Größt-Wert	Mittel-Wert

Zahlentafel 3. *Die Gesamtbauziffer* α *bei vollwandigen Hauptträgern eingleisiger Bahnbrücken.*

St 37	1,27	1,50	1,40	1,35	1,61	1,48	1,22	1,41	1,35
St 46	—	—	—	—	—	—	1,31	1,52	1,41
St 48	1,36	1,70	1,55	1,46	1,83	1,65	1,40	1,58	1,45
St 52	1,42	1,72	1,59	1,51	1,87	1,69	1,41	1,69	1,49
St 90	—	—	—	—	—	—	1,84	3,94	2,92

Zahlentafel 4. *Die Zuschlagziffer* ζ *bei vollwandigen Hauptträgern eingleisiger Bahnbrücken.*

St 37	1,11	1,30	1,20	1,18	1,39	1,26	1,08	1,23	1,16
St 46	—	—	—	—	—	—	1,15	1,28	1,21
St 48	1,12	1,35	1,24	1,21	1,46	1,31	1,14	1,28	1,21
St 52	1,16	1,35	1,26	1,24	1,49	1,33	1,12	1,32	1,22
St 90	—	—	—	—	—	—	1,26	1,92	1,50

Die Vergleichsentwürfe.

Diese wurden durchgearbeitet, um den Einfluß der Stahlart und der Trägerhöhe auf das Gewicht zu ermitteln. Als Beispiele wurden durchweg eingleisige Brücken des Lastenzuges N in genieteter Bauweise gewählt. Die Auswirkung abweichender Belastung und Bauweise auf das Ergebnis wird später besprochen. In Anlehnung an ausgeführte Bauwerke wurden für die Beispiele 1—5 die Stützweiten 10 m, 20 m, 35 m, 44,2 m und 60 m und einwandige Trägerausbildung, für die Beispiele 6 und 7 die Stützweiten 60 m und 90 m und zweiwandige Trägerausbildung zugrunde gelegt.

Es wurden Trägerabmessungen gewählt, wie sie sich am Schluß der Untersuchungen als praktisch richtig herausschälen lassen, die Trägerhöhen weichen daher bei den einzelnen Beispielen je nach der Stahlart voneinander ab.

Bei den Bauwerken mit 10 bis 35 m Stützweite wurde Schwellenlagerung unmittelbar auf den Hauptträgern angenommen. Diese Fahrbahnanordnung findet bei 30 bis 35 m Stützweite ihre Grenze, und zwar schon mit Rücksicht auf die Standsicherheit, weil man wegen der Schwellen nicht über einen Hauptträgerabstand von 2,00 m hinausgeht. Hierbei wurde abgesehen von besonderen Maßnahmen zur Erhöhung der Standsicherheit, wie sie von Tils und Lüttges[33] vorgeschlagen, aber bisher selten angewendet wurden.

Für alle übrigen Entwürfe mit größerer Stützweite als 35 m wurde eine offene obenliegende und etwas versenkte Fahrbahn vorausgesetzt.

Die Beispiele wurden für alle fünf Stahlsorten durchgearbeitet. Für jedes Beispiel wurde je eine Tafel für die Ergebnisse der Bemessung und für die Ergebnisse der Gewichtsberechnung angefertigt.

Die Zahlentafeln 5, 7, 9, 11, 13, 15, 17 und 19 geben Aufschluß über die Querschnittsform, die Abmessungen der tragenden Teile, die Bemessung und Anordnung der Steifen, die Beulsicherheit des Stegbleches und die Höhe der Durchbiegung unter der ruhenden Verkehrslast.

Aus den Zahlentafeln 6, 8, 10, 12, 14, 16, 18 und 20 sind die tatsächlichen Gewichte ersichtlich, getrennt nach den Gruppen: tragende Teile, Gurtstöße, Stegblechstöße, waagerechte Steifen nebst Anschlüssen, lotrechte Steifen nebst Futtern und Nietköpfe. In den gleichen Tafeln sind die Werte für den Beiwert γ, die Kernweite $w_{\max}$ in m, das Verhältnis von Kernweite zu Stegblechhöhe $w_{\max}/h_s$, das Grundgewicht $G_{gr} = \dfrac{M_{\max} \cdot l \cdot 7850}{\sigma_{zul} \cdot w_{\max}}$ in kg, das theoretische Gewicht $G_{th} = F_{\max} \cdot l \cdot \dfrac{7850}{10000}$ in kg, die Gesamtbauziffer $\alpha = G_w/G_{gr}$ und die Zuschlagziffer $\zeta = G_w/G_{th}$ angegeben.

Das Beispiel 3 wurde in zwei Varianten durchgearbeitet, für den Fall a), daß nur lotrechte Steifen, und für den Fall b), daß außer lotrechten auch waagerechte Steifen angeordnet werden.

Auf Grund der Vergleichsentwürfe läßt sich über die Auswirkung der verschiedenen Einflüsse auf die Höhe von Bauziffer und Zuschlagziffer folgendes aussagen.

1. Der Einfluß des Nietabzuges auf den Blechträgerquerschnitt wurde bei Entwicklung der Formel für α und G_h durch den für alle Stahlsorten und Stützweiten hinreichend genauen Mittelwert $J/J_n = 1,16$ berücksichtigt, wo J das volle und J_n das nutzbare Trägheitsmoment des Gesamtquerschnittes bedeutet. Die Gewichtsersparnis durch hochfeste Stähle ist von diesem Einfluß daher unabhängig.

2. Die Knicksicherheit der Druckgurte ist bei zweckmäßig gewählten Querschnittsabmessungen ohne Materialmehraufwand vorhanden. Die Gewichtseinsparung wird also hierdurch nicht beeinflußt.

3. Die Beulsicherheit des Stegbleches bedingt häufig Mehraufwand für Stegblechdicke und Aussteifungen. Dieser Einfluß wirkt auf die Höhe von G_w/G_{gr} durch Wahl der praktisch richtigen Stegblechdicke, auf die Höhe von G_w/G_{th} durch die Bemessung der Steifen ein.

4. Die Berücksichtigung der Dauerbeanspruchung ist in α dadurch enthalten, daß dem Zähler G_w die Bemessung mit γ zugrunde liegt, im Nenner G_{rg} dagegen γ nicht berück-

---

[33] Tils u. Lüttges: Hauptträgerabstand bei eingleisigen stählernen Eisenbahnbrücken mit obenliegender offener Fahrbahn. Bautechn. 1943, Heft 6/7.

Beispiel 1 für vollwandige Hauptträger eingleisiger Bauwerke.

Stützweite 10 m, genietete Bauweise, Lastenzug N.

Zahlentafel 5. *Bemessung.*

Querschnittsform	Bauteil	St 37	St 48	St 46	St 52	St 90
$l=10$ m	Stegbleche	1100·12	1070·11	1050·11	1000·10	1250·8
	Gurtwinkel.	∟100·12	∟100·10	∟100·10	∟100·10	∟65·100·9
	Gurtplatten	2–245·12	2–245·11	2–240·10	2–245·10	1–245·8
	Waagerechte Steifen .	—	—	—	—	∟65·7
	Lage.	—	—	—	—	$h_s/4$
	Lotrechte Steifen . . .	∟80·10	∟80·10	∟80·10	∟70·9	∟65·7
	Abstand	1,67	1,67	1,67	1,67	1,25
	Beulsicherheit ν Auflager/Mitte . . .	2,26/2,27	2,20/2,50	2,18/2,31	1,84/2,37	1,65/3,6
	Durchbiegung f_p . . .	$\frac{1}{1390}$	$\frac{1}{1160}$	$\frac{1}{1050}$	$\frac{1}{950}$	$\frac{1}{915}$

Zahlentafel 6. *Gewichte und Bauziffer.*

Bauteil	St 37	St 48	St 46]	St 52	St 90
Tragende Teile . . . . kg (Stegbl., Gurtwinkel u. Gurtpl.)	2524	2232	2129	2029	1555
Gurtstöße. . . . . kg	—	—	—	—	—
Stegblechstöße . . . . kg	—	—	—	—	—
Waagerechte Steifen nebst Anschlüssen . . . . kg	—	—	—	—	168
Lotrechte Steifen nebst Futtern . . kg	482	428	419	335	376
Nietköpfe . . . . kg	60	53	51	47	42
zusammen G_w . . . . . kg	3066	2713	2599	2411	2141
γ	1,0	1,132	1,043	1,134	1,660
Kernweite w_{max} . . . . m	0,385	0,378	0,365	0,358	0,400
$\dfrac{w_{max}}{h_s}$	0,34	0,34	0,33	0,34	0,315
$G_{gr} = \dfrac{M_{max} \cdot l \cdot 7850}{\sigma_{zul} \cdot w_{max}}$ . . . . kg	2520	1940	1990	1665	685
$G_{th} = F_{max} \cdot l \cdot \dfrac{7850}{10000}$ . . . . . . kg	2673	2373	2263	2157	1539
$\alpha = \dfrac{G_w}{G_{gr}}$	1,22	1,40	1,31	1,45	3,13
$\zeta = \dfrac{G_w}{G_{th}}$	1,15	1,14	1,15	1,12	1,39

Beispiel 2 für vollwandige Hauptträger eingleisiger Bauwerke.

Stützweite 20 m, genietete Bauweise, Lastenzug N.

Zahlentafel 7. *Bemessung.*

Querschnitts-form	Bauteil	St 37	St 48	St 46	St 52	St 90
	Stegbleche	2000·14	1900·13	1900·13	1850·12	2300·10
	Gurtwinkel	L 120·13	L 120·13	L 120·11	L 120·11	L 80·120·10
	Gurtplatten	2–410·16	2–420·13	2–420·12	2–410·12	1–400·10
	Waagerechte Steifen .	—	—	—	—	⌐ 14
	Lage.	—	—	—	—	$h_s/5$ und $h_s/2$
	Lotrechte Steifen . . .	L 80·120·10	L 80·120·10	L 80·120·10	L 80·120·10	L 80·120·12
	Abstand	1,25	1,25	1,25	0,83	1,25
$l = 20$ m	Beulsicherheir ν Auflager/Mitte . . .	2,9/2,15	2,77/1,87	2,77/1,7	3,45/1,60	2,2/2,5
	Durchbiegung f_p . . .	$\dfrac{1}{1250}$	$\dfrac{1}{1000}$	$\dfrac{1}{910}$	$\dfrac{1}{835}$	$\dfrac{1}{780}$

Zahlentafel 8. *Gewichte und Bauziffer.*

Bauteil	St 37	St 48	St 46	St 52	St 90
Tragende Teile . . . . kg (Stegbl., Gurtwinkel u. Gurtpl.)	9633	8501	8024	7559	6032
Gurtstöße . . . . kg	272	245	215	204	132
Stegblechstöße . . . . kg	480	467	421	414	418
Waagerechte Steifen nebst Anschlüssen . . . . kg	—	—	—	—	2169
Lotrechte Steifen nebst Futtern . . kg	2095	1984	1842	2409	2449
Nietköpfe . . . . kg	250	224	210	212	224
zusammen G_w . . . . . kg	12730	11421	10712	10798	11424
γ	1,0	1,097	1,016	1,103	1,643
Kernweite w_{max} . . . . m	0,70	0,66	0,64	0,64	0,68
$\dfrac{w_{max}}{h_s}$	0,34	0,34	0,33	0,34	0,295
$G_{gr} = \dfrac{M_{max} \cdot l \cdot 7850}{\sigma_{zul} \cdot w_{max}}$ . . . . kg	9000	7270	7440	6390	2910
$G_{th} = F_{max} \cdot l \cdot \dfrac{7850}{10000}$ . . . . . . kg	10384	9175	8644	8177	5988
$\alpha = \dfrac{G_w}{G_{gr}}$	1,41	1,58	1,44	1,69	3,94
$\zeta = \dfrac{G_w}{G_t}$	1,23	1,25	1,26	1,32	1,92

Beispiel 3a für vollwandige Hauptträger eingleisiger Bauwerke.

Stützweite 35 m, genietete Bauweise, Lastenzug N.

a) Nur lotrechte Steifen.

Zahlentafel 9. *Bemessung.*

Querschnitts-form	Bauteil	St 37	St 48	St 46	St 52	St 90
	Stegbleche	$3200 \cdot 18$	$2950 \cdot 17$	$2950 \cdot 17$	$2750 \cdot 17$	—
	Gurtwinkel	$\llcorner 140 \cdot 17$	$\llcorner 140 \cdot 17$	$\llcorner 140 \cdot 17$	$\llcorner 140 \cdot 15$	—
	Gurtplatten	$3{-}460 \cdot 20$	$3{-}460 \cdot 16$	$3{-}460 \cdot 15$	$3{-}460 \cdot 15$	—
	Waagerechte Steifen .	—	—	—	—	—
	Lage	—	—	—	—	—
	Lotrechte Steifen . . .	$\llcorner 100 \cdot 150 \cdot 12$	$\llcorner 100 \cdot 150 \cdot 12$	$\llcorner 100 \cdot 150 \cdot 12$	$\llcorner 100 \cdot 150 \cdot 12$	—
	Abstand	1,46	0,97	0,97	0,97	—
	Beulsicherheit ν Auflager/Mitte . . .	3,3/1,53	4,05/1,5	4,05/1,5	4,35/1,5	—
$l=35\,\mathrm{m}$	Durchbiegung f_p . . .	$\dfrac{1}{1200}$	$\dfrac{1}{890}$	$\dfrac{1}{860}$	$\dfrac{1}{705}$	—

Zahlentafel 10. *Gewichte und Bauziffer.*

Bauteil	St 37	St 48	St 46	St 52	St 90
Tragende Teile . . . . kg (Stegbl., Gurtwinkel u. Gurtpl.)	32076	27580	26976	25583	—
Gurtstöße . . . . kg	1218	1025	994	866	—
Stegblechstöße . . . . kg	1110	1023	1023	842	—
Waagerechte Steifen nebst An-schlüssen . . . . kg	—	—	—	—	—
Lotrechte Steifen nebst Futtern . kg	6114	8049	8049	7163	—
Nietköpfe . . . . kg	810	754	741	689	—
zusammen G_w . . . . . kg	41328	38431	37783	35143	—
γ	1,0	1,04	1,00	1,049	—
Kernweite $w_{\max}$ . . . . m	1,10	1,005	1,00	0,94	—
$\dfrac{w_{\max}}{h_s}$	0,33	0,33	0,33	0,33	—
$G_{gr} = \dfrac{M_{\max} \cdot l \cdot 7850}{\sigma_{zul} \cdot w_{\max}}$ . . . . kg	31300	26100	26200	23900	—
$G_{th} = F_{\max} \cdot l \cdot \dfrac{7850}{10000}$ . . . . . . kg	35937	30857	30102	28615	—
$\alpha = \dfrac{G_w}{G_{gr}}$	1,32	1,47	1,45	1,47	—
$\zeta = \dfrac{G_w}{G_{th}}$	1,15	1,25	1,26	1,23	—

Beispiel 3b für vollwandige Hauptträger eingleisiger Bauwerke.

Stützweite 35 m, genietete Bauweise, Lastenzug N.

b) Mit waagerechten und lotrechten Steifen.

Zahlentafel 11. *Bemessung.*

Querschnittsform	Bauteil	St 37	St 48	St 46	St 52	St 90
	Stegbleche	$3200 \cdot 17$	$2950 \cdot 16$	$2950 \cdot 16$	$2750 \cdot 14$	$3650 \cdot 13$
	Gurtwinkel	$\llcorner 140 \cdot 17$	$\llcorner 140 \cdot 17$	$\llcorner 140 \cdot 15$	$\llcorner 140 \cdot 15$	$\llcorner 100 \cdot 150 \cdot 12$
	Gurtplatten	$3{-}460 \cdot 20$	$2{-}460 \cdot 16$ $+ 1{-}460 \cdot 17$	$3{-}460 \cdot 16$	$3{-}460 \cdot 16$	$1{-}480 \cdot 15$
	Waagerechte Steifen .	$\lrcorner 14$	$\lrcorner 14$	$\lrcorner 14$	$\lrcorner 14$	$\lrcorner 14$
	Lage.	$h_s/4$	$h_s/4$	$h_s/4$	$h_s/3$	$h_s/5$ und $h_s/2$
	Lotrechte Steifen . . .	$\llcorner 100 \cdot 150 \cdot 12$	$\llcorner 100 \cdot 150 \cdot 12$	$\llcorner 100 \cdot 150 \cdot 12$	$\llcorner 100 \cdot 150 \cdot 12$	$\llcorner 100 \cdot 150 \cdot 12$
	Abstand	1,94	1,94	1,94	1,94	1,46
$l=35\,\mathrm{m}$	Beulsicherheit ν Auflager/Mitte . . .	2,9/2,1	2,4/2,1	2,4/2,1	1,83/1,8	2,8/1,6
	Durchbiegung f_p . . .	$\dfrac{1}{1250}$	$\dfrac{1}{900}$	$\dfrac{1}{880}$	$\dfrac{1}{720}$	$\dfrac{1}{720}$

Zahlentafel 12. *Gewichte und Bauziffer.*

Bauteil		St 37	St 48	St 46	St 52	St 90
Tragende Teile . . . . (Stegbl., Gurtwinkel u. Gurtpl.)	kg	31142	26979	26310	23961	19893
Gurtstöße	kg	1218	1050	897	897	537
Stegblechstöße	kg	1110	1023	903	842	894
Waagerechte Steifen nebst Anschlüssen	kg	1649	1649	1646	1646	3991
Lotrechte Steifen nebst Futtern .	kg	4790	4399	4207	3909	4931
Nietköpfe	kg	798	702	679	625	605
zusammen G_w	kg	40707	35802	34642	31880	30851
γ		1,0	1,04	1,00	1,049	1,603
Kernweite $w_{\max}$	m	1,12	1,023	1,017	0,994	1,028
$\dfrac{w_{\max}}{h_s}$		0,33	0,34	0,33	0,35	0,28
$G_{gr} = \dfrac{M_{\max} \cdot l \cdot 7850}{\sigma_{zul} \cdot w_{\max}}$	kg	30800	25600	25900	22500	10100
$G_{th} = F_{\max} \cdot l \cdot \dfrac{7850}{10000}$	kg	35058	30299	29497	27610	20147
$\alpha = \dfrac{G_w}{G_{gr}}$		1,33	1,40	1,34	1,42	3,05
$\zeta = \dfrac{G_w}{G_{th}}$		1,16	1,18	1,18	1,15	1,53

Beispiel 4 für vollwandige Hauptträger eingleisiger Bauwerke.

Stützweite 44,2 m, genietete Bauweise, Lastenzug N.

Zahlentafel 13. *Bemessung.*

Querschnittsform	Bauteil	St 37	St 48	St 46	St 52	St.90
	Stegbleche . .	3750·19	3650·18		3350·16	4200·15
	Gurtwinkel . .	∟160·19	∟160·17		∟160·15	∟100·150·14
	Gurtplatten . .	4–500·20	4–500·14		4–500·14	2–480·13
	Waager. Steifen	⌐14	⌐14		⌐14	⌐16
	Lage . . .	$h_s/5$ und $h_s/2$	$h_s/5$ und $h_s/2$	wie St 48	$h_s/5$ und $h_s/2$	$h_s/5$ und $h_s/2$
	Lotr. Steifen .	∟100·10+/200·12	∟100·10+/200·12		∟100·10+/200·12	∟100·10+/200·12
	Abstand. .	4,02	4,02		4,02	4,02
	Beulsicherh. ν Auflager/Mitte	3,35/2,15	3,15/2,15		2,25/2,15	1,66/1,68
	Durchbiegung f_p	$\frac{1}{1218}$	$\frac{1}{891}$		$\frac{1}{707}$	$\frac{1}{712}$

(l=44,2 m)

Zahlentafel 14. *Gewichte und Bauziffer.*

Bauteil	St 37	St 48	St 46	St 52	St 90
Tragende Teile . . . . kg (Stegbl., Gurtwinkel u. Gurtpl.)	52 523	43 442		38 653	32 834
Gurtstöße . . . . kg	2468	1584		1450	1068
Stegblechstöße . . . . kg	3269	3249		2863	2678
Waagerechte Steifen nebst Anschlüssen . . . . kg	3818	3818	wie St 48	3818	4420
Lotrechte Steifen nebst Futtern . kg	6941	6497		5711	7369
Nietköpfe . . . . kg	1380	1172		1050	967
zusammen G_w . . . . . kg	70 399	59 762		53 545	49 336
γ	1,0	1,005	1,0	1,014	1,587
Kernweite w_{max} . . . . m	1,33	1,24	1,24	1,184	1,22
$\dfrac{w_{max}}{h_s}$	0,34	0,33	0,33	0,34	0,29
$G_{gr} = \dfrac{M_{max} \cdot l \cdot 7850}{\sigma_{zul} \cdot w_{max}}$ . . . . kg	52 500	42 400	42 400	38 000	17 100
$G_{th} = F_{max} \cdot l \cdot \dfrac{7850}{10000}$ . . . . . . kg	60 460	49 409	49 409	44 412	35 134
$\alpha = \dfrac{G_w}{G_{gr}}$	1,34	1,41	1,41	⌊1,41	2,89
$\zeta = \dfrac{G_w}{G_{th}}$	1,16	1,21	1,21	1,21	1,40

Beispiel 5 für vollwandige Hauptträger eingleisiger Bauwerke.

Stützweite 60 m, genietete Bauweise, Lastenzug N.

Zahlentafel 15. *Bemessung.*

Querschnitts-form	Bauteil	St 37	St 48	St 46	St 52	St 90
	Stegbleche	$4600 \cdot 23$	$4500 \cdot 21$		$4200 \cdot 19$	$5200 \cdot 18$
	Gurtwinkel	$\llcorner 200 \cdot 20$	$\llcorner 200 \cdot 20$		$\llcorner 200 \cdot 18$	$\llcorner 200 \cdot 16$
	Gurtplatten	$6{-}600 \cdot 20$	$4{-}600 \cdot 19$		$4{-}600 \cdot 17$	$2{-}600 \cdot 14$
	Waagerechte Steifen .	⌐ 16	wie St 37		⌐ 16	⌐ 18
	Lage	$h_s/5$ und $h_s/2$		wie St 48	wie St 37	$h_s/5$ und $h_s/2$
	Lotrechte Steifen . . .	$\llcorner 100 \cdot 10$ $\llcorner 90 \cdot 9$ Bl. $200 \cdot 10$	wie St 37		wie St 37	wie St 37
	Abstand	5,0				
	Beulsicherheit ν Auflager/Mitte . . .	3,5/2,3	2,85/2,24		2,3/2,2	1,68/1,62
	Durchbiegung f_p . . .	$\dfrac{1}{1310}$	$\dfrac{1}{910}$		$\dfrac{1}{705}$	$\dfrac{1}{700}$

$L = 60\,\mathrm{m}$

Zahlentafel 16. *Gewichte und Bauziffer.*

Bauteil	St 37	St 48	St 46	St 52	St 90
Tragende Teile . . . . kg (Stegbl., Gurtwinkel u. Gurtpl.)	110844	88746		77190	66871
Gurtstöße . . . . kg	4653	4131		3705	2664
Stegblechstöße . . . . kg	4800	4375	wie St 48	3906	4145
Waagerechte Steifen nebst An- schlüssen . . . . kg	5989	5989		5989	7062
Lotrechte Steifen nebst Futtern . kg	13223	12792		11624	14154
Nietköpfe . . . . kg	2790	2321		2048	1898
zusammen G_w . . . . . kg	142299	118354		104462	96794
γ	1,0	1,0		1,0	1,521
Kernweite w_{max} . . . . m	1,69	1,55		1,496	1,51
$\dfrac{w_{max}}{h_s}$	0,35	0,33	wie St 48	0,34	0,29
$G_{gr} = \dfrac{M_{max} \cdot l \cdot 7850}{\sigma_{zul} \cdot w_{max}}$ . . . . kg	106000	85000		74200	52500
$G_{th} = F_{max} \cdot l \cdot \dfrac{7850}{10000}$ . . . . . kg	132068	101877		89019	75596
$\alpha = \dfrac{G_w}{G_{gr}}$	1,35	1,40		1,41	1,84
$\zeta = \dfrac{G_w}{G_{th}}$	1,08	1,19		1,17	1,28

Beispiel 6 für vollwandige Hauptträger eingleisiger Bauwerke.

Stützweite 60 m, genietete Bauweise, Lastenzug N.

Zahlentafel 17. *Bemessung.*

Querschnitts-form	Bauteil	St 37	St 48 + 46	St 52	St 90
	Stegbleche	2·4300·16	2·4500·16	2·4200·14	—
	Gurtwinkel	4 L 150·14 4 L 100·150·14	4 L 150·14 4 L 100·150·14	4 L 150·14 4 L 100·150·14	—
	Gurtplatten	4–800·23 2·4–400·23	3–800·16 2·3–400·16	3–800·15 2·3–400·15	—
	Waagerechte Steifen .	65·100·9 80· 10	65·100·9 80· 10	65·100·9 80· 10	—
	Lage.	$h_s/5$ und $h_s/2$	$h_s/5$ und $h_s/2$	$h_s/5$ und $h_s/2$	—
	Lotrechte Steifen . . .	L 100·10 Bl. 534/10 L 100·10	L 100·10 Bl. 534/10 L 100·10	L 100·10 Bl. 534/10 L 100·10	—
	Abstand	5,0	5,0	5,0	—
	Beulsicherheit ν Auflager/Mitte . . .	5,9/2,2	5,9/2,15	4,3/1,82	—
	Durchbiegung f_p . . .	$\dfrac{1}{1240}$	$\dfrac{1}{940}$	$\dfrac{1}{735}$	—

Zahlentafel 18. *Gewichte und Bauziffer.*

Bauteil		St 37	St 48 + 46	St 52	St 90
Tragende Teile . . . . (Stegbl., Gurtwinkel u. Gurtpl.)	kg	127736	106575	92855	—
Gurtstöße	kg	6454	4533	4325	—
Stegblechstöße	kg	8052	8188	7100	—
Waagerechte Steifen nebst An- schlüssen	kg	11758	11758	11754	—
Lotrechte Steifen nebst Futtern .	kg	15972	16713	15359	—
Nietköpfe	kg	3399	2955	2628	—
zusammen G_w	kg	173371	150722	134021	—
γ		1,0	1,0	1,0	—
Kernweite w_{max}	m	1,5	1,36	1,33	—
$\dfrac{w_{max}}{h_s}$		0,35	0,30	0,32	—
$G_{gr} = \dfrac{M_{max}\cdot l\cdot 7850}{\sigma_{zul}\cdot w_{max}}$	kg	123000	99700	85900	—
$G_{th} = F_{max}\cdot l\cdot\dfrac{7850}{10000}$	kg	148035	117891	103196	—
$\alpha = \dfrac{G_w}{G_{gr}}$		1,41	1,52	1,56	—
$\zeta = \dfrac{G_w}{G_{th}}$		1,17	1,28	1,30	—

Beispiel 7 für vollwandige Hauptträger eingleisiger Bauwerke.

Stützweite 90 m, genietete Bauweise, Lastenzug N.

Zahlentafel 19. *Bemessung.*

Querschnittsform	Bauteil	St 37	St 48 + 46	St 52		St 90 einwandig
	Stegbleche	2·5500·22	2·5600·22	2·5300·19		1·6600·24
	Beilagen	8/600·20	8/400·15	—		—
	Gurtwinkel	4 ∟200·18 4 ∟100·200·18	4 ∟200·18 4 ∟100·200·18	4 ∟200·18 4 ∟100·200·18		4 ∟200·20
	Gurtplatten	6–950·22 2·6–475·22	5–900·16 2·5–450·16	5–850·18 2·5–425·18		4–600·18
	Waagerechte Steifen	I 22 coup 2 ∟100·75·9	I 22 coup 2 ∟100·75·9	I 22 coup 2 ∟100·75·9		20
	Lage	$h_s/2$ und $h_s/5$	$h_s/2$ und $h_s/5$	$h_s/2$ und $h_s/5$		$h_s/2$ und $h_s/5$
	Lotrechte Steifen .	8 ∟100·12 2–100·14 –628·14	8 ∟100·12 2–100·14 –628·14	8 ∟100·12 2–100·14 –628·14		8 ∟100·150·14 2–250·14
	Abstand	5,0	5,0	5,0		5,0
	Beulsicherheit ν Auflager/Mitte .	5,3/2,25	5,4/2,14	3,7/2,13		2,3/1,8
	Durchbiegung f_p . .	$\frac{1}{1330}$	$\frac{1}{950}$	$\frac{1}{725}$		$\frac{1}{700}$

Zahlentafel 20. *Gewichte und Bauziffer.*

Bauteil	St 37	St 48 + 46	St 52		St 90
Tragende Teile . . . . kg (Stegbl., Gurtwinkel u. Gurtpl.)	384621	304114	246742		173692
Gurtstöße . . . . kg	23384	15888	11534		6897
Stegblechstöße . . . . kg	19549	19409	18962		6723
Waagerechte Steifen nebst An- schlüssen . . . . kg	30382	30382	30057		12087
Lotrechte Steifen nebst Futtern . kg	44904	42369	39306		40281
Nietköpfe . . . . kg	10057	8243	6932		4794
zusammen G_w . . . . . kg	512897	420405	353533		244474
γ	1,0	1,0	1,0		1,446
Kernweite w_{max} . . . . m	1,92	1,78	1,73		2,00
$\dfrac{w_{max}}{h_s}$	0,35	0,32	0,33		0,30
$G_{gr} = \dfrac{M_{max} \cdot l \cdot 7850}{\sigma_{zul} \cdot w_{max}}$ . . . . kg	377000	286500	239500		91200
$G_{th} = F_{max} \cdot l \cdot \dfrac{7850}{10000}$ . . . . . . kg	449899	343642	284296		194570
$\alpha = \dfrac{G_w}{G_{gr}}$	1,36	1,47	1,47		2,67
$\zeta = \dfrac{G_w}{G_{th}}$	1,14	1,23	1,25		1,26

sichtigt wurde. Die Gewichtsformel enthält dagegen γ direkt. Für die Auswirkung der Stahlsorte auf die Höhe von γ ist zu beachten:

$$\text{Bei St 37 ist für alle Stützweiten } \gamma = 1,0$$
$$\text{,, St 90 ,, ,, ,, ,, } \gamma > 1,0$$

Bei den übrigen Stahlsorten ist die Grenzstützweite, von der ab $\gamma = 1,0$ wird, verschieden, außerdem schwankt sie nach der Bauart (mit oder ohne Fahrbahn) und der Belastung. Für eingleisige Brücken des Lastenzuges N kann auf Grund der Beispiele 1—7 diese Grenzstützweite angenommen werden:

$$\text{bei St 46 zu rd. 25 m} \qquad \text{bei St 48 zu rd. 45 m} \qquad \text{bei St 52 zu rd. 50 m.}$$

5. Die **Spannungsausnutzung** ist infolge der Eigenart des Biegeträgers auf die äußeren Randfasern beschränkt, bei den hier betrachteten Trägern mit parallelen Gurten sogar nur auf die Querschnitte, an denen das abgestufte Widerstandsmoment der Kurve des maßgebenden Biegungsmoments entspricht. Die Spannungen nehmen nach der neutralen Achse zu bis auf Null ab. Es ist schon verschiedentlich darauf aufmerksam gemacht worden, daß infolge dieser mangelnden Ausnutzung der vollwandige Träger erhebliche innere Reserven aufweist[34]. Die Höhe der Gewichtseinsparung wird hierdurch nicht beeinflußt.

Die Ausnutzung der Randfaser bis zur vollen Höhe der zulässigen Beanspruchung ist stets möglich, weil durch kleinste Änderungen der Stegblechhöhe das erforderliche Widerstandsmoment genau erreicht werden kann. Diese Ausnutzung wird auch in der Regel vorhanden sein, es sei denn, daß die Bemessung mit Rücksicht auf die zulässige Durchbiegung erfolgt. In diesem Fall wird die Gewichtsersparnis durch hochfeste Stähle geringer. Im allgemeinen wird man aber in solchen Fällen davon absehen. die nicht mit ihrer zulässigen Beanspruchung ausgenutzte Stahlsorte zu verwenden.

Die Abhängigkeit der Zuschlagziffer ζ und der Bauziffer α von σ_{zul} geht aus den in Zahlentafel 3 und 4 zusammengestellten Werten hervor. ζ und α sind empfindlich gegen Änderungen der Trägerhöhe. Verringerung der Trägerhöhe ruft einerseits Sinken des Aussteifungsaufwandes, andererseits Zuwachs an Gurtgewicht hervor. Das Absinken von α mit fallender Trägerhöhe ist also doppelt begründet.

Der Einfluß der Bauziffer auf die Höhe der Gewichtsersparnis durch hochfeste Stähle wirkt sich hiernach im wesentlichen nur durch γ und ζ aus.

C. Grundsätzliches über die Ausbildung des vollwandigen Trägers.

Nachdem brauchbare Mittelwerte ζ für die einzelnen Stahlsorten festgelegt werden konnten, müssen nun noch Anhaltspunkte für zweckmäßige Werte h_s/l und t gegeben werden, um die Gewichtsformel Gl. (30) benutzen zu können. Dies Bestreben führt zu grundsätzlichen Überlegungen über die Abmessungen des vollwandigen Trägers.

1. Die Stegblechhöhe h_s.

Die Wahl der praktisch richtigen Trägerhöhe, von der auch die Zuschlagziffer und die Stegblechdicke abhängt, wird durch den Begriff der Mindestträgerhöhe nach Gaber[35] und den Begriff der wirtschaftlich günstigsten Trägerhöhe erleichtert.

Für die **Mindestträgerhöhe** gibt Gaber für konstantes Trägheitsmoment über die ganze Länge des frei aufliegenden Trägers folgende Formel:

$$\frac{h}{l} = \frac{5}{24} \cdot \frac{\sigma_{zul}}{E} \cdot n \cdot \frac{M_p}{M_{max}}. \tag{31}$$

Hierin ist E der Elastizitätsmodul $= 2\,100\,000 \text{ kg/cm}^2$ für alle Stahlsorten und n das Verhältnis der Stützweite l zur zulässigen Durchbiegung aus der ruhenden Verkehrslast f_p.

<hr>

[34] Vgl. z. B. Gaber: Versuche und Betrachtungen über die Sicherheit von Stahlbrücken, Auszug aus dem Ergebnis von Großnietversuchen für den D.St.V.

[35] Gaber: Untersuchung über die Mindestträgerhöhe von Biegeträgern aus Holz, Stahl oder Stahlbeton, unveröffentlicht.

Mit dieser Formel ist die Trägerhöhe festgelegt für vollwandige Träger, die eine gerade ausreichende Steifigkeit und eine gerade ausgenutzte Beanspruchung aufweisen[36].

Für den hier vorliegenden Zweck sind folgende Änderungen an der Gaberschen Grundformel vorzunehmen:

Um den Unterschied zwischen der gesuchten Stegblechhöhe h_s und der Gesamtträgerhöhe h_r (Abstand der Randfasern) zu berücksichtigen, ist der bereits bekannte Verhältniswert $h_s/h_r = 0{,}96$ einzuführen.

Für die hier betrachteten Träger mit abgestuftem Querschnitt wird nach den Vorschriften der BE für die Errechnung der Durchbiegung der Wert 5 im Zähler auf 5,5 erhöht. Um den Nietabzug zu erfassen, ist der bereits bekannte Verhältniswert $J_n/J = W_n/W = 0{,}86$ einzusetzen.

Damit bekommt die Gabersche Formel die Form

$$\frac{h_s}{l} = 0{,}96 \cdot \frac{5{,}5}{24} \cdot 0{,}86 \cdot \frac{\sigma_{zu}}{E} \cdot n \cdot \frac{M_p}{M_{maz}} = 0{,}1892 \cdot \frac{\sigma_{zu}}{E} \cdot n \cdot \frac{M_p}{M_{max}} . \tag{32}$$

Mit Einsetzung der Zahlenwerte für σ_{zul}, E und n ergibt sich die Mindeststegblechhöhe h_{min} für $n = 900$:

$$h_{min\,37} = 0{,}1135 \cdot \frac{M_p}{M_{max}} \cdot l , \tag{33}$$

$$h_{min\,48\,und\,46} = 0{,}1476 \cdot \frac{M_p}{M_{max}} \cdot l , \tag{34}$$

$$h_{min\,52} = 0{,}1703 \cdot \frac{M_p}{M_{max}} \cdot l , \tag{35}$$

$$h_{min\,90} = 0{,}3552 \cdot \frac{M_p}{M_{max}} \cdot l , \tag{36}$$

für $n = 700$:

$$h_{min\,52} = 0{,}1324 \cdot \frac{M_p}{M_{max}} \cdot l , \tag{37}$$

$$h_{min\,90} = 0{,}2762 \cdot \frac{M_p}{M_{max}} \cdot l . \tag{38}$$

Für die Stützweiten der Vergleichsentwürfe errechnen sich die in Zahlentafel 21 zusammengestellten Werte für h_{min}. Die Werte M_{max} sind dabei mit den maßgebenden γ-Beiwerten eingesetzt.

Zahlentafel 21. *Mindeststegblechhöhe h_{min} in m nach Gaber für genietete eingleisige Bahnbrücken des Lastenzuges N.*

Stützweite in m	10	20	35	44,2	60	90
Baustahl:						
$n = 900$ St 37	0,74	1,43	2,40	2,79	3,41	3,92
St 48	0,85	1,70	2,98	3,70	4,64	5,59
St 46	0,93	1,85	3,14	3,73	4,64	5,59
St 52	0,98	1,97	3,45	4,27	5,50	6,86
St 90	1,41	2,80	4,85	5,96	7,72	10,77
$n = 700$ St 52	0,76	1,53	2,69	3,34	4,29	5,33
St 90	1,10	2,17	3,76	4,61	5,98	8,34

In Abb. 4 sind die Werte h_{min} der Zahlentafel 21 in Abhängigkeit von der Stützweite aufgetragen. h_{min} wächst bei gleichem n proportional mit σ_{zul} und ist unabhängig von der Stegblechdicke, dem Aussteifungsaufwand und der Ausbildung mit einer oder zwei Wänden.

Als wirtschaftlich günstigste Stegblechhöhe wird derjenige Wert von h_s bezeichnet, für den ohne Rücksicht auf die Durchbiegung das Trägergewicht ein Minimum wird. Dieser ideale Wert der Stegblechhöhe wird h_i genannt. Die Gewichtsformel Gl. (30) eignet sich zur Ermittlung des Wertes h_i für h_s, wenn die beiden in ihr enthaltenen, mit h_s veränderlichen Werte t und ζ durch h_s ausgedrückt werden.

---

[36] Vgl. auch Hasse: Vereinfachte Bemessung von Vollwandträgern. Bautechn. 1940, Heft 19, und Schäfer: Gesichtspunkte für das Entwerfen weitgespannter Kastenträgerbrücken. Bautechn. 1931, Heft 14.

Für den vorliegenden Zweck ist es günstig und auch hinreichend genau, wenn man t durch eine lineare Abhängigkeit von h_s ausdrückt.

Für die Vergleichsentwürfe wird die Stegblechdicke (außer Beispiel 3a) in Abhängigkeit von der Stegblechhöhe aufgetragen, und zwar in Abb. 5 für einwandige, in Abb. 6 für zweiwandige Ausbildung. Für jede Stahlart und Bauart läßt sich eine gerade Linie festlegen, deren Gleichung in der Abbildung

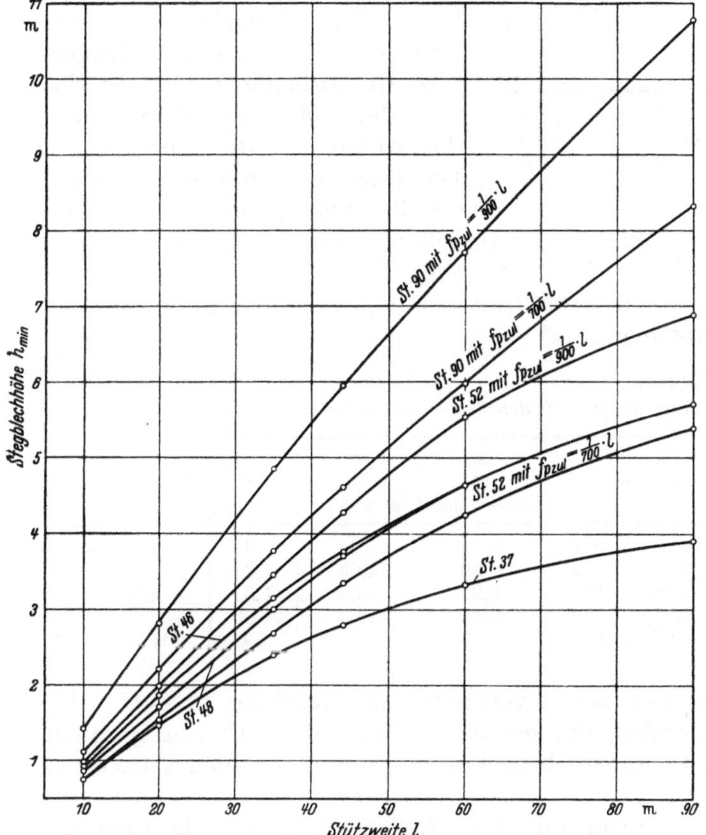

Abb. 4. Mindeststegblechhöhe h_{min} in m nach Gaber in Abhängigkeit von der Stützweite l (genietete eingleisige Bahnbrücken).

angegeben ist. Die Beziehung zwischen t und h_s ist durch diese Gleichungen so ausgedrückt, daß die entstehende Abweichung von den für t tatsächlich gewählten Werten in keinem Fall mehr als 1 mm beträgt.

Die Beziehung lautet allgemein:

$$t = c_1 \cdot h_s + c_2. \qquad (39)$$

c_2 ist positiv für einwandige Ausbildung und Stützweiten $0 < l < 60$ m, bei St 90: $0 < l < 90$ m; c_2 ist negativ für zweiwandige Ausbildung und Stützweite 60 m $< l < 90$ m. c_1 und c_2 sind für jede Stahlart und Bauart (ein- oder zweiwandig) verschieden, aber innerhalb des angegebenen Stützweitenbereichs

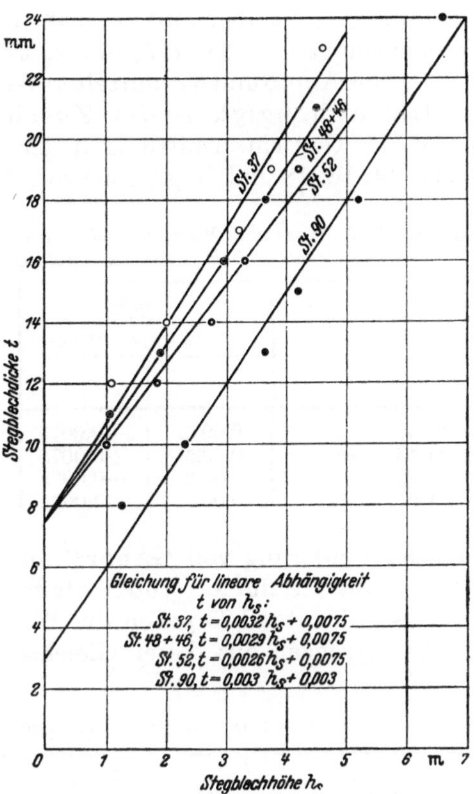

Abb. 5. Stegblechdicke t in mm in Abhängigkeit von der Stegblechhöhe h_s in m für einwandige Ausbildung.

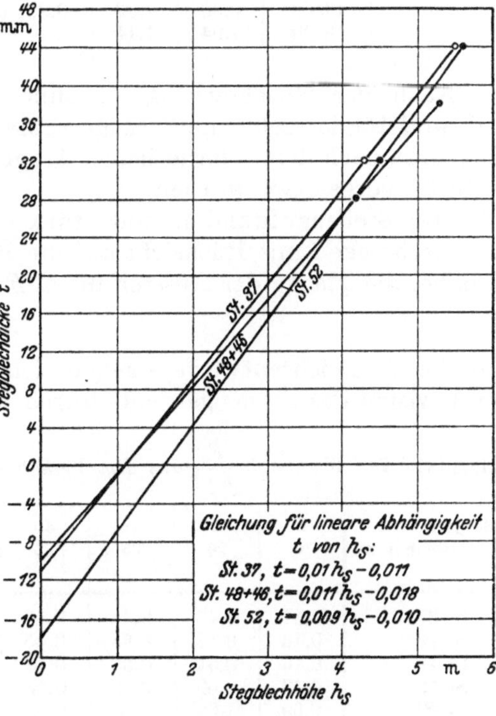

Abb. 6. Stegblechdicke $2t$ in mm in Abhängigkeit von der Stegblechhöhe h_s in m für zweiwandige Ausbildung.

konstant. c_1 ist unbenannt, c_2 hat die gleiche Dimension wie t und h_s. Für die folgenden Untersuchungen werden t, h_s und c_2 zweckmäßig in m eingeführt.

Die aus Abb. 5 und 6 ermittelten Werte für c_1 und c_2 sind in Zahlentafel 22 zusammengestellt.

Die Abhängigkeit der Zuschlagziffer ζ von der Stegblechhöhe h_s wird auf Grund der Gewichtsermittlungen der Beispiele 1—7 festgestellt. Aus den Zahlentafeln 6, 8, 10, 12, 14, 16, 18 und 20 geht hervor, daß das theoretische Gewicht $G_{th} = F_{\max} \cdot l \cdot 0{,}785$ in kg mit genügender Genauigkeit dem wirklichen Gewicht der tragenden Teile und Stöße einschließlich der Nietköpfe gleichgesetzt werden kann. Das Gewicht der Stöße und der Überstände des Trägers über die Auflager deckt sich also mit dem Mindergewicht durch die Ablängung der Gurtplatten. Die waagerechten Steifen, die bei der Bemessung der Hauptträger nach der Forderung von Gaber[37] mit zum Querschnitt gerechnet wurden, zählen in diesem Falle ebenso wie die lotrechten Steifen nicht zu den „tragenden Teilen“.

Zahlentafel 22. *Konstante Werte c_1 und c_2 für lineare Abhängigkeit der Stegblechdicke t von der Stegblechhöhe h_s.*

Bauart . . . . Stützweiten-Bereiche . Bereiche	einwandig $0 < l < 60$ m St 90: $0 < l < 90$ m		zweiwandig 60 m $< l < 90$ m	
	c_1	c_2 m	c_1	c_2 m
St 37	0,0032	+0,0075	0,010	—0,011
St 48 u. 46	0,0029	+0,0075	0,011	—0,018
St 52	0,0026	+0,0075	0,009	—0,010
St 90	0,003	+0,003	—	—

Aus Zahlentafel 23 gehen die Werte für das Verhältnis von G_w ohne Steifen zu G_{th} und die Fehlergrenzen aus dieser Gleichsetzung hervor.

Zahlentafel 23.

Fehler aus der Gleichsetzung des wirklichen Gewichts ohne Steifen mit dem theoretischen Gewicht für die Beispiele 1—7.

Beispiel . . . . Stützweite in m	1 10	2 20	3a 35	3b 35	4 44,2	5 60 einwandig	6 60 zweiwandig	7 90	Fehlergrenzen	
$\dfrac{G_w \text{ o. St.}}{G_{th}}$ St 37	0,97	1,02	0,98	0,98	0,99	0,93	0,98	0,97	+ 2%	—7%
St 46	0,96	1,03	0,99	0,98	1,00	0,98	1,04	1,01	± 4%	
St 48	0,96	1,03	0,98	0,98	1,00	0,98	1,04	1,01	± 4%	
St 52	0,96	1,03	0,98	0,95	0,99	0,98	1,04	1,00	+ 4%	—5%
St 90	1,04	1,14	—	1,09	1,07	1,00	—	0,99	+14%	—1%

Nach der Gleichsetzung G_w ohne Steifen $= G_{th}$ verbleibt als Zuschlag $G_w - G_{th}$ der Aufwand für lotrechte und waagerechte Steifen, die gemäß dem von Gaber[38] angegebenen Verfahren nach dem erforderlichen Trägheitsmoment bemessen und daher bei allen Entwürfen in St 37 vorgesehen wurden.

Der Steifenaufwand nimmt stärker als linear mit der Stegblechhöhe zu. Da auch die Stegblechdicke t mit Rücksicht auf die Beulsicherheit stärker als linear mit h_s zunimmt, liegt es nahe, die Fläche der Aussteifungen F_a durch die Stegblechfläche $h_s \cdot t$ auszudrücken:

$$F_a = c_3 \cdot h_s \cdot t. \tag{40}$$

Für die Vergleichsentwürfe ergeben sich die in Zahlentafel 24 angegebenen Werte für c_3 aus der Division des Steifengewichts durch das Stegblechgewicht.

Zahlentafel 24. *Werte $c_3 = \dfrac{F_a}{h_s \cdot t}$ aus dem Verhältnis des Steifengewichts zum Stegblechgewicht für die Beispiele 1—7.*

Beispiel . . . . Stützweite in m	1 10	2 20	3a 35	3b 35	4 44,2	5 60 einwandig	6 60 zweiwandig	7 90	Mittelwerte einwandig	Mittelwerte zweiwandig
St 37	0,47	0,48	0,39	0,43	0,44	0,39	0,43	0,44	0,43	0,44
St 46	0,46	0,47	0,58	0,45	0,45	0,42	0,42	0,42	0,47	0,42
St 48	0,46	0,51	0,58	0,47	0,45	0,42	0,42	0,42	0,48	0,42
St 52	0,43	0,69	0,56	0,53	0,51	0,47	0,49	0,49	0,53	0,49
St 90	0,69	1,28	—	0,68	0,54	0,48	—	0,47	0,69	—

[37] Gaber: Grundsätzliches über den Vollwandträger aus Stahl, Holz oder Stahlbeton. Bautechn. 1942, Heft 33.
[38] Gaber: Über die Aussteifung von Vollwandträgern aus Stahl. Stahlbau 1944, Heft 1/2.

Die Zahlentafel zeigt größtenteils ein geringes Sinken der Werte c_3 mit wachsender Stütz-weite. Es ist aber zu beachten, daß andererseits mit steigender Stützweite und Trägerhöhe der Materialaufwand für Querrahmen und Querverbände zwischen den Hauptträgern wächst.

Es ist daher berechtigt, für c_3 Mittelwerte anzusetzen, die nach Stahlart und Bauart (ein- oder zweiwandig) verschieden, aber innerhalb des gleichen Stützweitenbereichs wie c_1 und c_2 konstant sind. Entsprechende Mittelwerte für c_3 sind in den beiden letzten Spalten der Zahlen-tafel 24 angegeben.

Unter Beachtung dieser Beziehungen der Stegblechhöhe h_s zur Stegblechdicke t und zum Steifenaufwand F_a, der an Stelle der Zuschlagziffer $\zeta = G_w/G_{th}$ tritt, kann die entsprechend umgeformte Gewichtsformel zur Bestimmung von h_i dienen.

Der Ausdruck für die Gesamtfläche nach Gl. (27) lautet mit Einsetzung von F_a

$$\sum F = \frac{2 \cdot \gamma \cdot M_{max}}{\sigma_{zul} \cdot h_s} \frac{J \cdot h_r}{J_n \cdot h_s} + \frac{2}{3} h_s \cdot t + F_a \text{ in cm}^2. \tag{41}$$

Er geht mit (39) $t = c_1 \cdot h_s + c_2$ und (40) $F_a = c_3 \cdot h_s \cdot t$ über in

$$\sum F = \frac{2 \cdot \gamma \cdot M_{max}}{\sigma_{zul} \cdot h_s} \frac{J}{J_n} \cdot \frac{h_r}{h_s} + \left(\frac{2}{3} + c_3\right) \cdot h_s \cdot (c_1 \cdot h_s + c_2) \text{ in cm}^2. \tag{42}$$

Mit $\dfrac{J}{J_n} \cdot \dfrac{h_r}{h_s} = 1{,}21$ und $M_{max} = \dfrac{(g_h + g_0 + \varphi \cdot p)}{8} l^2$ folgt für frei aufliegende Träger das Gewicht zu

$$G_h = g_h \cdot l = \frac{2{,}42\,\gamma\,(g_h + g_0 + \varphi \cdot p)\,7{,}85\,l^3}{8 \cdot \sigma_{zul} \cdot h_s} + \left(\frac{2}{3} + c_3\right)(c_1 \cdot h_s + c_2) \cdot h_s' \cdot l \cdot 7{,}85 \text{ in t}. \tag{43}$$

Die Herausziehung von g_h ergibt:

$$G_h = g_h \cdot l = \frac{2{,}37\,\dfrac{\gamma}{\sigma_{zul}}\,(g_0 + \varphi p)\left(\dfrac{l}{h_s}\right) \cdot l^2 + 7{,}85\,h_s\,l\left(\dfrac{2}{3} + c_3\right)(c_1 \cdot h_s + c_2)}{1 - 2{,}37\,\dfrac{\gamma}{\sigma_{zul}} \cdot \dfrac{l^2}{h_s}} \text{ in t} \tag{44}$$

oder

$$G_h = g_h \cdot l = \frac{\gamma\,(g_0 + \varphi p)\,l^2 + 3{,}31\,\sigma_{zul} \cdot c_1(\frac{2}{3} + c_3)\,h_s^3 + 3{,}31\,\sigma_{zul} \cdot c_2(\frac{2}{3} + c_3)\,h_s^2}{0{,}422\,\sigma_{zul} \cdot h_s - \gamma \cdot l^2} \cdot l \text{ in t}. \tag{45}$$

Zur Vereinfachung wurde gesetzt:

$$\gamma\,(g_0 + \varphi p)\,l^2 = A,$$
$$3{,}31 \cdot c_1 \cdot (\tfrac{2}{3} + c_3)\,\sigma_{zul} = B,$$
$$3{,}31 \cdot c_2 \cdot (\tfrac{2}{3} + c_3)\,\sigma_{zul} = C,$$
$$0{,}422\,\sigma_{zul} = D,$$
$$\gamma \cdot l^2 = E,$$

so daß

$$g_h = \frac{A + B h_s^3 + C h_s^2}{D h_s - E}. \tag{46}$$

Die Ableitung nach h_s ergibt:

$$\frac{d g_h}{d h_s} = \frac{(D \cdot h_s - E)(3 B h_s^2 - 2 C h_s) - (A + B h_s^3 + C h_s^2) \cdot D}{(D h_s - E)^2}. \tag{47}$$

Aus Nullsetzung des Zählers folgt für einwandige Ausbildung und $c_2 > 0$

$$h_i^3 + \frac{C D - 3 B E}{2 B D} h_i^2 - \frac{C E}{B D} h_i = \frac{A}{2 B} \tag{48}$$

und für zweiwandige Ausbildung und $c_2 < 0$

$$h_i^3 - \frac{C D + 3 B E}{2 B D} h_i^2 + \frac{C E}{B D} h_i = \frac{A}{2 B}. \tag{49}$$

Nach Einführung der Konstanten c_1 und c_2 gemäß Zahlentafel 22 und c_3 gemäß Zahlen-tafel 24 lassen sich die Werte h_i durch probeweises Einsetzen in Gl. (48) und (49) bestimmen.

Die sich für die Stützweiten der Vergleichsentwürfe ergebenden Werte für h_i sind in Zahlentafel 25 zusammengestellt.

Zahlentafel 25. *Ideale Stegblechhöhe h_i in m ohne Rücksicht auf die Durchbiegung für genietete eingleisige Bahnbrücken des Lastenzugs N.*

Bauart	einwandig					zweiwandig	
Stützweite m . .	10	20	35	44,2	60	60	90
St 37	1,25	2,07	3,15	3,76	4,70	3,65	4,96
St 48	1,18	1,94	2,90	3,41	4,24	3,36	4,48
St 46	1,14	1,88	2,85	3,40	4,24	3,36	4,48
St 52	1,12	1,86	2,79	3,30	4,08	3,22	4,30
St 90	1,03	1,66	2,46	2,89	3,50	einwandig	4,59

In Abb. 7 sind die Werte h_i der Zahlentafel 25 in Abhängigkeit von der Stützweite l aufgetragen. h_i fällt mit wachsendem σ_{zul}, es ist abhängig von der Stegblechdicke, dem Aussteifungsaufwand und der Ausbildung mit einer oder zwei Wänden.

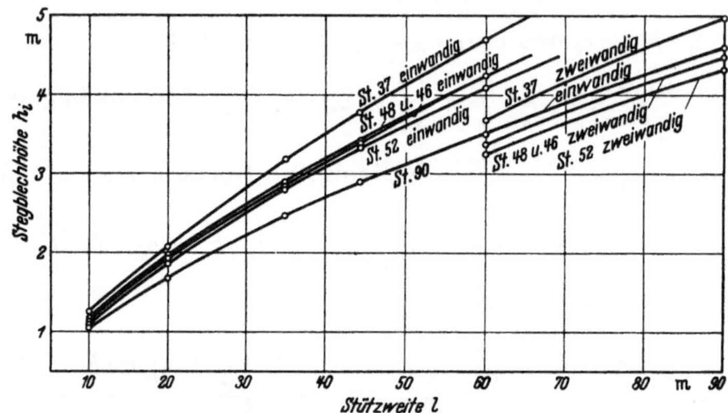

Abb. 7. Ideale Stegblechhöhe h_i in m in Abhängigkeit von der Stützweite l
(genietete eingleisige Bahnbrücken Lastenzug N).

Die praktisch richtige Stegblechhöhe, die wirklich ausgeführt wird, soll h_w genannt werden. Sie richtet sich nach den entsprechenden Werten h_{min} und h_i. In Abb. 8—12 sind für die Stützweiten der Vergleichsentwürfe die Werte für h_{min} und h_i in Abhängigkeit von der Stützweite aufgetragen. Für die einzelnen Stahlsorten ergibt sich:

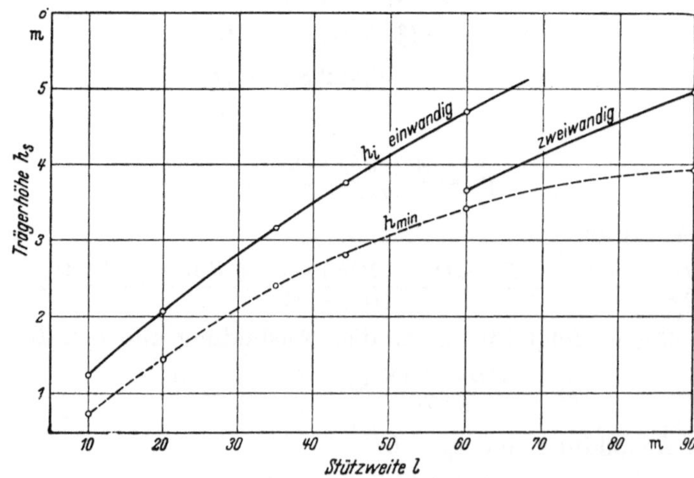

Abb. 8. Mindeststegblechhöhe h_{min} und günstigste Stegblechhöhe h_i in m in Abhängigkeit von der Stützweite l
(eingleisige genietete Bahnbrücken Lastenzug N). St 37

Nach Abb. 8 liegt für St 37 h_{min} durchweg erheblich unter h_i. Bei Wahl der günstigsten Stegblechhöhe ist also der Durchbiegungswert geringer, als er sein dürfte. Bei großen Stützweiten tritt für St 37 sogar der Fall ein, daß die wirklich auszuführende Stegblechhöhe nicht nur erheblich über der Mindeststegblechhöhe liegt, sondern auch selbst größer als die wirtschaftlich günstigste Stegblechhöhe gewählt werden muß, weil sonst die Gurtkopfniete zu lang werden würden.

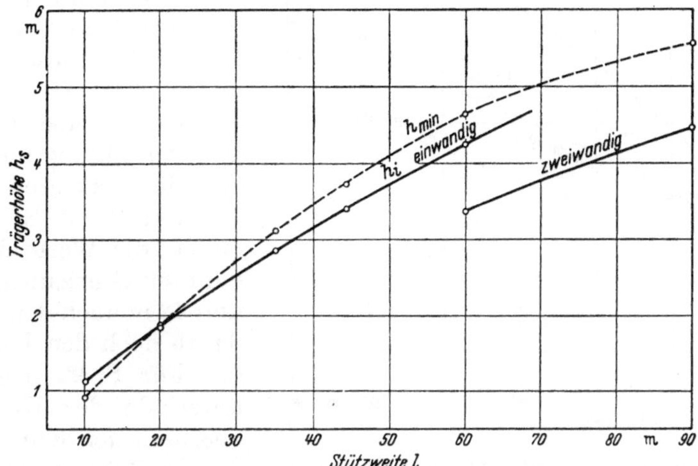

Abb. 9. Mindeststegblechhöhe h_{min} und günstigste Stegblechhöhe h_i in m in Abhängigkeit von der Stützweite (eingleisige genietete Bahnbrücken Lastenzug N). St 46

Nach Abb. 9 und 10 ist für St 48 und St 46 der Unterschied von h_{min} und h_i gering. Die Kurven schneiden sich bei der Stützweite 21 m für St 46 und 32 m für St 48. Oberhalb dieser Stützweiten muß die Mindeststegblechhöhe eingehalten werden, auch wenn die günstigste Stegblechhöhe niedriger ist.

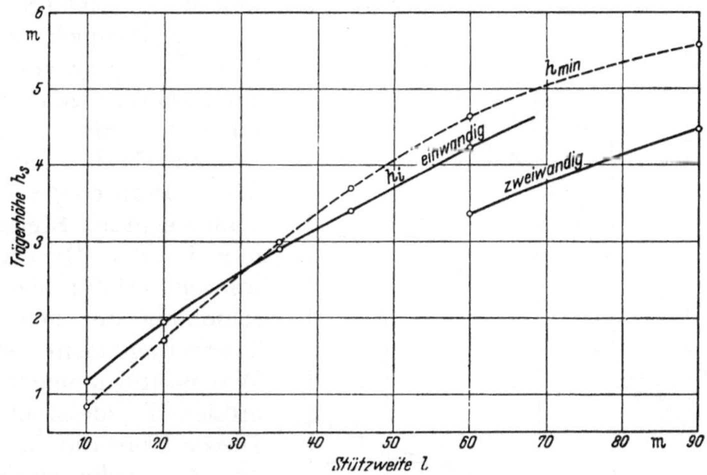

Abb. 10. Mindeststegblechhöhe h_{min} und günstigste Stegblechhöhe h_i in m in Abhängigkeit von der Stützweite l (eingleisige genietete Bahnbrücken Lastenzug N). St 48

Nach Abb. 11 liegen für St 52 die Verhältnisse ähnlich wie für St 48 und St 46, allerdings nur, wenn h_{min} für $f_{p\,zul} = \frac{1}{700} l$ statt wie bei den anderen Stahlsorten für $f_{p\,zul} = \frac{1}{900} l$ zugrunde gelegt wird. In diesem Fall schneiden sich die Kurven bei der Stützweite 42 m. Die Kurve für h_{min} bei $f_{p\,zul} = \frac{1}{900} l$ liegt dagegen erheblich über der Kurve für h_i.

Nach Abb. 12 liegt für St 90 die Kurve für h_{min} auch bei $f_{p\,zul} = \frac{1}{700} l$ so beträchtlich über der Kurve für h_i, daß aus praktischen Erwägungen durchweg die wirkliche Stegblechhöhe geringer als die Mindeststegblechhöhe gewählt werden muß, so daß die zulässige Beanspruchung nicht ausgenutzt wird.

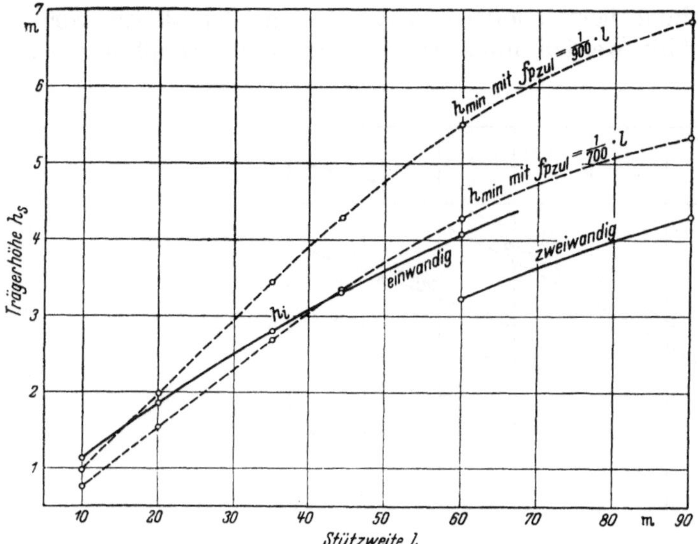

Abb. 11. Mindeststegblechhöhe h_{min} und günstigste Stegblechhöhe h_i in m in Abhängigkeit von der Stützweite l (eingleisige
genietete Bahnbrücken Lastenzug N). St 52

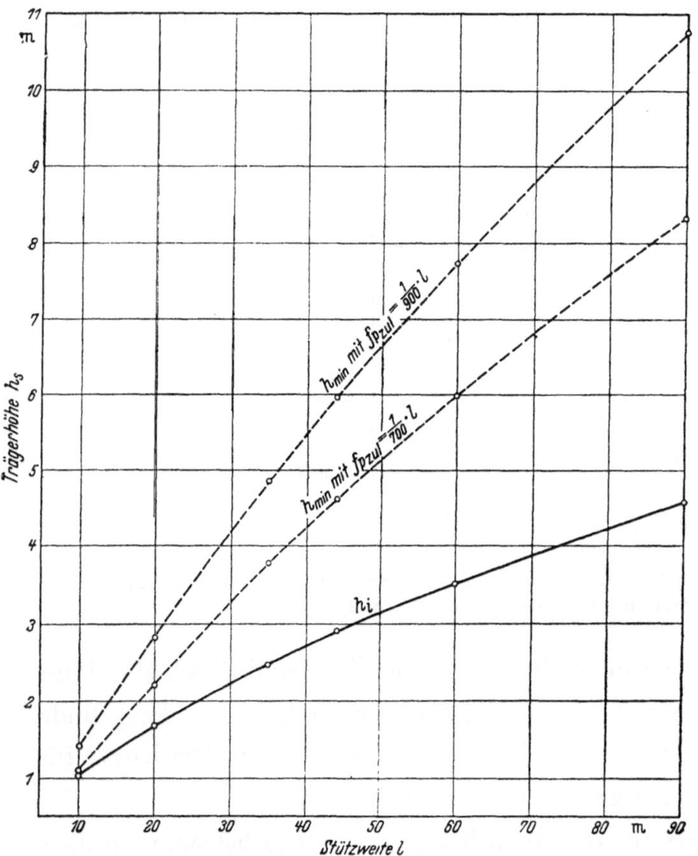

Abb. 12. Mindeststegblechhöhe h_{min} und günstigste Stegblechhöhe h_i in m in Abhängigkeit von der Stützweite l (eingleisige
genietete Bahnbrücken Lastenzug N). St 90

Nach diesen Betrachtungen können zweckmäßige Werte für die wirklich auszuführende Stegblechhöhe h_w
festgelegt werden.

Für St 37 gleichen sich die Werte
für h_w bei einwandiger Ausbildung
an die h_i-Werte an, liegen aber für
Stützweiten über 60 m und zweiwandige Ausbildung höher, weil sonst die
Gurtdicke zu groß wird.

Für St 46, St 48 und St 52 ver-
laufen die Werte h_w bis zu den genannten Grenzstützweiten 21 m, 32 m
und 42 m nach den Kurven für h_i, von
da ab nach den Kurven für h_{min}.

Für St 90 liegen die Werte h_w
unterhalb der Kurve für h_{min} und
oberhalb der Kurve für h_i.

In Zahlentafel 26 sind die hiernach sich für die verschiedenen
Stahlsorten ergebenden Werte h_w für
die Stützweiten der Vergleichsentwürfe
zusammengestellt.

Dabei wurde mit Rücksicht auf
die Gurtdicke h_w für Stützweite
10 m vermindert, für große Stützweiten in St 37 erhöht.

Die Beispiele zeigen ferner, daß
beim Übergang von der einwandigen
zur zweiwandigen Ausbildung h_w vermindert werden kann. Das liegt zum
Teil am Einfluß der zum Querschnitt
des Hauptträgers mitgerechneten
waagerechten Steifen. Wenn diese
nur in der Druckzone angeordnet
werden, erhöht sich durch die Verschiebung der neutralen Achse das
Trägheitsmoment stärker als das
Widerstandsmoment, für das der
größere Randabstand maßgebend ist.
Dieser Umstand beeinflußt die Höhe
von h_{min} beim zweiwandigen Träger
stärker als beim einwandigen.

Nach den in Zahlentafel 26 zusammengestellten Werten h_w sind die
Werte l/h_w für alle fünf Stahlsorten
in Abb. 13 in Abhängigkeit von l
aufgetragen. Es zeigt sich, daß die
Verbindungslinien der Einzelwerte
mit guter Annäherung durch gerade
Linien ersetzt werden können, so daß
für l/h_w eine lineare Zunahme mit
der Stützweite l angenommen werden
kann.

Zahlentafel 26. *Wirklich auszuführende Stegblechhöhe h_w in m für genietete eingleisige Bahnbrücken des Lastenzugs N.*

Bauart	einwandig					zweiwandig	
Stützweite l in m	10	20	35	44,2	60	⌊60	90
St 37	1,10	2,05	3,15	3,75	4,70	4,30	5,50
St 46 + 48	1,05	1,90	3,00	3,70	4,50	4,40	5,60
St 52	1,00	1,85	2,80	3,35	4,20	4,10	5,30
St 90	1,25	2,30	3,65	4,20	5,20	einwandig	6,60

Die Gleichungen für die durch diese Geraden dargestellte Beziehung zwischen l/h_w und l lauten für einwandige Ausbildung:

$$h_{w\,37} = \frac{l}{8,3 + 0,075\,l} \quad \text{in m}, \qquad (50)$$

$$h_{w\,48\,\text{und}\,46} = \frac{l}{8,8 + 0,075\,l} \quad \text{in m}, \qquad (51)$$

$$h_{w\,52} = \frac{l}{9,8 + 0,075\,l} \quad \text{in m}, \qquad (52)$$

$$h_{w\,90} = \frac{l}{7,3 + 0,07\,l} \quad \text{in m}, \qquad (53)$$

für zweiwandige Ausbildung:

$$h_{w\,37} = \frac{l}{9,2 + 0,08\,l} \quad \text{in m}, \qquad (54)$$

$$h_{w\,48\,\text{und}\,46} = \frac{l}{8,9 + 0,08\,l} \quad \text{in m}, \qquad (55)$$

$$h_{w\,52} = \frac{l}{9,8 + 0,08\,l} \quad \text{in m}. \qquad (56)$$

2. Die Stegblechdicke t.

Gaber[37] nennt das Stegblech das „Rückgrat" des Vollwandträgers und warnt davor, es zu hoch und zu dünn auszubilden. Die Beispiele 3a und 3b für 35 m Stützweite zeigen den entscheidenden Einfluß der Steifenanordnung auf die Stegblechdicke. Bei dem Entwurf in St 52 kann z. B. die

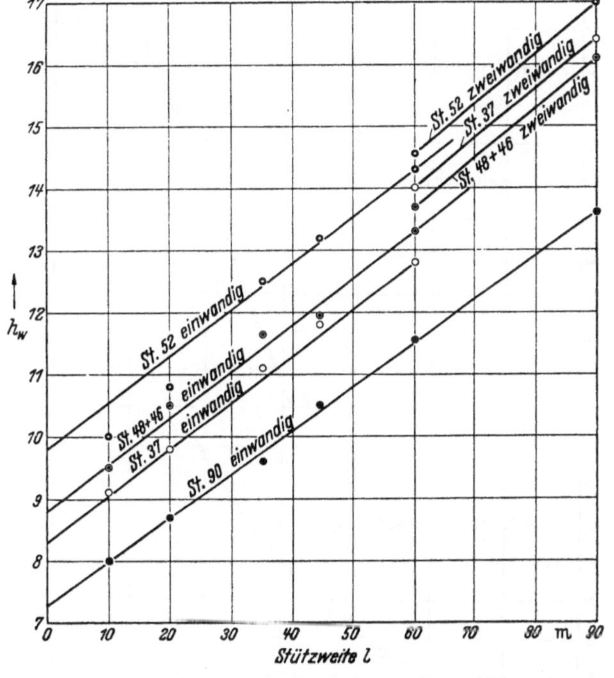

Abb. 13. Verhältnis l/h_w der Stützweite zur wirklich auszuführenden Stegblechhöhe in Abhängigkeit von der Stützweite (genietete eingleisige Bahnbrücken Lastenzug N).

Stegblechdicke von 17 mm auf 14 mm verringert werden dadurch, daß in der Druckzone eine waagerechte Steife vorgesehen wird. Theoretisch kann durch Anordnen von Längssteifen die Dicke auch bei Stegblechen, deren Höhe 4,00 m und mehr beträgt, unter 20 mm gehalten werden. Theoretische Erwägungen dürfen aber nicht allein für die Festlegung der Stegblechdicke maßgebend sein. Dies wird durch Gabers Beulversuche[39] bewiesen. Die Stegblechdicke soll sich außerdem nicht nur nach der Stützweite und Höhe des Trägers richten, sondern auch zu den Gurtabmessungen in einem vernünftigen Verhältnis stehen.

Die Vergleichsentwürfe weisen Stegblechdicken auf, die diesen Gesichtspunkten Rechnung tragen und die daher als praktisch richtig bezeichnet werden dürfen. Dabei erweist es sich als ratsam, zur zweiwandigen Ausbildung überzugehen, wenn die Stegblechdicke größer als etwa 24 mm und die Gurtdicke größer als etwa 130 mm wird. Aus den Bemessungstafeln der Vergleichsentwürfe erkennt man, wieviel günstiger sich hierin die Ausbildung in hochfestem Stahl gestaltet. Es wäre berechtigt, schon wegen der viel kleineren Gurtabmessungen die Stegblechdicke bei hochfestem Stahl geringer zu wählen als bei St 37. Sie darf aber auch in der Regel für hochfesten Stahl geringer sein, weil meistens der Fall des Ausbeulens im plastischen Verformungsbereich vorliegt und sich dadurch die höhere Streckgrenze günstig

---

[39] Gaber: Beulversuche an Modellträgern aus Stahl. Bautechn. 1944, Heft 1—4.

auswirkt, so daß die Beulsicherheit für die verschiedenen Stahlsorten trotz der geringeren Dicke bei hochfestem Stahl annähernd gleich bleibt.

Wenn man die Werte t der Beispiele 1—7 in Abhängigkeit von der Stegblechhöhe h_s aufträgt, erhält man die Kurven der Abb. 14—17, die man zum Finden praktisch richtiger Werte für t benutzen kann. Zum leichteren Ablesen sind Stufen für Änderung der Stegblechdicke um 1 mm eingetragen. Die Beulsicherheit, die für die Vergleichsentwürfe errechnet wurde, ist außer bei Beispiel 3a so hoch, daß die nach diesen Stufenwerten gewählte Stegblechdicke in jedem Fall ausreicht, auch wenn der Stufenwert ausnahmsweise unter dem Kurvenwert liegt.

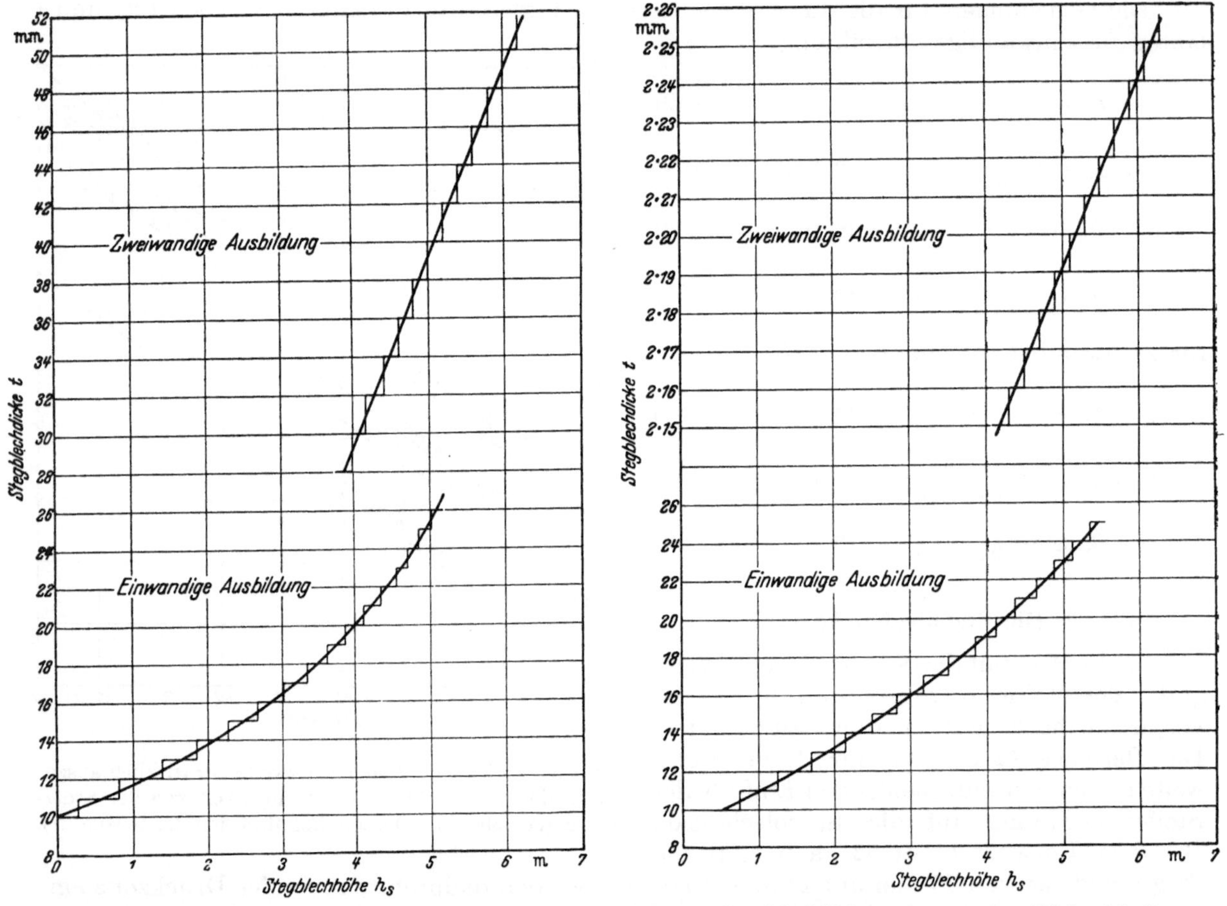

Abb. 14. Stegblechdicke t in mm in Abhängigkeit von der Stegblechhöhe h_s in m. St 37   Abb. 15. Stegblechdicke t in mm in Abhängigkeit von der Stegblechhöhe h_s in m. St 48/46

Wenn die als zweckmäßig gefundenen Werte für Stegblechhöhe und Stegblechdicke zusammengefügt werden, so zeigt sich die überraschende Tatsache, daß der Wert $(h_w/l)^2 \cdot t$ ein Festwert wird. Die Größe dieses Festwertes C geht aus Zahlentafel 27 hervor.

Zahlentafel 27. *Festwerte $C = 10^6\,(h_w/l)^2 \cdot t$ in m für genietete eingleisige Bahnbrücken des Lastenzugs N.*

Bauart		St 37	St 48/46	St 52	St 90
einwandig	$10^6\,(h_w/l)^2 \cdot t$ in m	143	121	92	134
zweiwandig		164	170	132	—

Um die Stegblechdicke t zu finden, multipliziert man die Quadrate der aus Abb. 13 abgelesenen Werte l/h_w mit dem zugehörigen Wert $C/10^6$. Rechnerisch folgen die vorgeschlagenen Werte für t aus den Gl. (50) bis (56), nämlich für einwandige Ausbildung:

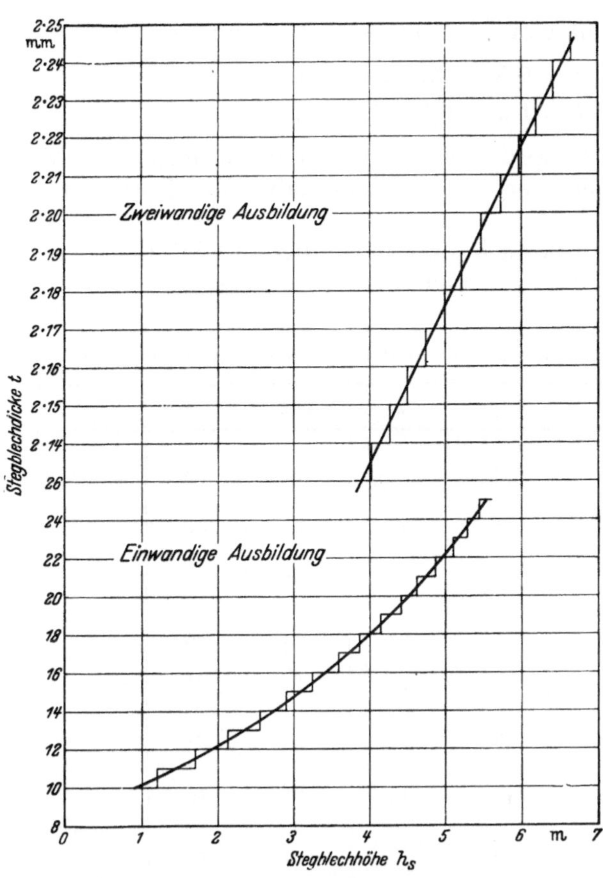

Abb. 16. Stegblechdicke t in mm in Abhängigkeit von der Stegblechhöhe h_s in m. St 52

$$t_{37} = \frac{143}{10^6} \cdot (8{,}3 + 0{,}075\,l)^2 \text{ in m,} \quad (57)$$

$$t_{48 \text{ und } 46} = \frac{121}{10^6} \cdot (8{,}8 + 0{,}075\,l)^2 \text{ in m,} \quad (58)$$

$$t_{52} = \frac{92}{10^6} \cdot (9{,}8 + 0{,}075\,l)^2 \text{ in m,} \quad (59)$$

$$t_{90} = \frac{134}{10^6} \cdot (7{,}3 + 0{,}07\,l)^2 \text{ in m,} \quad (60)$$

für zweiwandige Ausbildung:

$$t_{37} = \frac{164}{10^6} \cdot (9{,}2 + 0{,}08\,l)^2 \text{ in m,} \quad (61)$$

$$t_{48 \text{ und } 46} = \frac{170}{10^6} \cdot (8{,}9 + 0{,}08\,l)^2 \text{ in m,} \quad (62)$$

$$t_{52} = \frac{132}{10^6} \cdot (9{,}8 + 0{,}08\,l)^2 \text{ in m.} \quad (63)$$

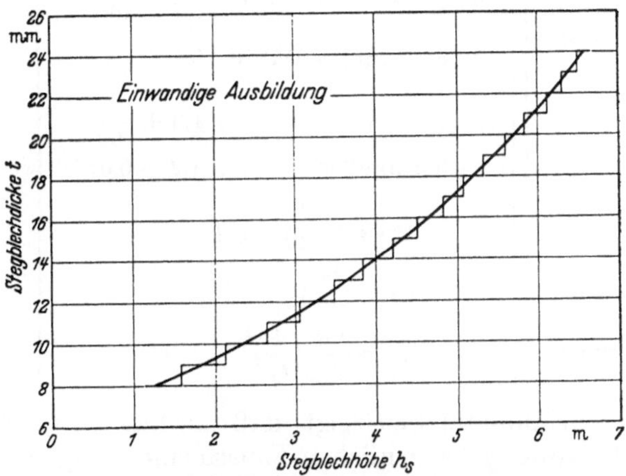

Abb. 17. Stegblechdicke t in mm in Abhängigkeit von der Stegblechhöhe h_s in m. St 90

Die für jede Stahlart und Bauart konstanten Werte C müssen schon bei wenig veränderten Werten h_w/l und t, die etwa durch eine andere Belastung oder Bauart hervorgerufen sind, neu bestimmt werden. Mit Hilfe der Werte C kann die Grenzstützweite errechnet werden, bei der man zur zweiwandigen Ausbildung übergehen muß, wenn die Stegblechdicke 24 mm nicht überschreiten soll. Zahlentafel 28 stellt diese Grenzstützweiten zusammen.

Zahlentafel 28. *Grenzstützweiten in m für Übergang von einwandiger zu zweiwandiger Ausbildung.*

	St 37	St 48/46	St 52	St 90
Stützweite in m	63	71	85	89

Die für t gefundenen Werte sollen nun mit Angaben von anderer Seite verglichen werden. Gebräuchlich sind Formeln, durch die man die Stegblechdicke aus der Höhe oder aus der Stützweite des Trägers errechnet. Von der ersten Art seien folgende Formeln erwähnt:

Nach Gaber[40] $\qquad t = 0{,}6 + \dfrac{h}{200}$ in cm,

nach Vianello-David[41] $\qquad t = 0{,}7 + \dfrac{h}{250}$ in cm,

nach Grüning[42] $\qquad t = 1{,}0 + \dfrac{h}{300}$ in cm.

[40] Gaber: Vorlesungen über Grundlagen des Stahlbaus. Umdruck der T.H. Karlsruhe 1932.
[41] Vianello-David: Der Eisenbau 1927, S. 128.
[42] Grüning: Der Eisenbau 1929, S. 188.

Engeßer[43] gibt Formeln für t in Abhängigkeit von der Stützweite l an, und zwar:

für eingleisige Bahnbrücken $t = 0,9 + 0,01\,l$ in cm,

für zweigleisige Bahnbrücken $t = 1,2 + 0,015\,l$ in cm,

wenn l in m eingesetzt wird. Den Formeln von Engeßer liegt eine erheblich geringere Belastung als der Lastenzug N zugrunde, für einen Vergleich kommt daher die Formel für zweigleisige Brücken in Frage.

Zahlentafel 29 stellt die Werte t zusammen, die sich für einwandige Ausbildung nach den hier gemachten Vorschlägen und nach den genannten Faustformeln ergeben.

Zahlentafel 29.

Vergleich der vorgeschlagenen Stegblechdicken t in mm für einwandige Träger mit Werten nach anderen Formeln.

	Stützweite l in m	10	20	35	44,2	60	
St 37	$t_{37} = \dfrac{143}{10^6}\left(\dfrac{l}{h_w}\right)$	12	14	17	19	23	
	nach Gaber . . . . . $0,6 + \dfrac{h}{200}$	12	16	22	25	30	
	nach Vianello-David $0,7 + \dfrac{h}{250}$	11	15	20	22	26	
	nach Grüning . . . . $1,0 + \dfrac{h}{300}$	14	17	21	23	26	
	nach Engeßer . . . . $1,2 + 0,015\,l$	14	15	17	19	21	
St 48/46	$t_{48\,\text{u.}\,46} = \dfrac{121}{10^6}\left(\dfrac{l}{h_w}\right)^2$	11	13	16	18	21	
St 52	$t_{52} = \dfrac{92}{10^6}\left(\dfrac{l}{h_w}\right)$	10	12	14	16	19	
St 90	$t_{90} = \dfrac{134}{10^6}\left(\dfrac{l}{h_w}\right)^2$	8	10	13	15	18	90 m 24

Zahlentafel 29 zeigt, daß die hier vorgeschlagenen Werte größtenteils unter den Zahlen der sonst gebräuchlichen Faustformeln liegen. Die empfohlenen Stegblechdicken sind trotzdem für große Stützweiten und Trägerhöhen nicht unerheblich größer, als sie in letzter Zeit oft praktisch bei großen Vollwandbalken ausgeführt wurden.

3. Die Steifen.

Steifenanordnung und Stegblechdicke hängen eng zusammen, wie die Ausführungen zu Beginn des vorigen Abschnitts zeigen.

Waagerechte Steifen in der Druckzone sind viel wirksamer als nur lotrechte Steifen, die in jedem Fall notwendig sind.

Beispiel 3 zeigt den Unterschied an einem Grenzfall für 35 m Stützweite und rd. 3,00 m Stegblechhöhe. Im Fall a) dieses Beispiels wurden nur lotrechte Steifen, im Fall b) außerdem eine waagerechte Steife in der Druckzone angenommen. Im Fall a) ist der Abstand der lotrechten Steifen 0,97 m bis 1,46 m, die Stegblechdicke 17—18 mm und die Beulsicherheit $v = 1,5 <$ zulässig; im Fall b) ist der Abstand der lotrechten Steifen 1,94 m, die Stegblechdicke 14—17 mm und die Beulsicherheit $v = 1,8$ bis $2,1$. Steifenaufwand und Gesamtgewicht ist für alle Stahlsorten für Fall b) geringer, so daß Fall a) aus dem Vergleich ausschied. Man wird also von 30—35 m Stützweite ab in der Regel waagerechte Steifen verwenden, und um so eher, je höher σ_{zul} ist.

Auch Beispiel 2 mit 20 m Stützweite und rd. 2,00 m Stegblechhöhe zeigt, daß lotrechte Steifen verhältnismäßig wenig auf die Erhöhung der Beulsicherheit einwirken. Bei dieser Stützweite hat aber die Anordnung von waagerechten Steifen im allgemeinen noch keinen gewichtssparenden Einfluß, was aus dem Gewicht für den St 90-Entwurf hervorgeht. Das liegt daran, daß das aus praktischen Gründen verwendete Profil ⌐ 14 für die Längssteife zu

---

[43] Engeßer: Vorlesungen über Brückenbau. Umdruck des AJV Tulla T.H. Karlsruhe. Dez. 1920.

hohen Materialaufwand erfordert. Die Gewichtsberechnungen für die Entwürfe in St 46 und St 52 dieses Beispiels zeigen, daß es richtig sein kann, das Stegblech dicker zu wählen und die lotrechten Steifen dafür weiter zu setzen.

Bei größerer Stützweite als 35 m konnten Abstände von 4,0 bis 5,0 m für die lotrechten Steifen angenommen werden. Die Anordnung waagerechter Steifen im oberen Fünftelpunkt und in der halben Höhe des Stegbleches genügte dann in allen Fällen zur Erzielung einer reichlichen Beulsicherheit. Bei Stützweiten bis zu 35 m kann die Anordnung von lotrechten Steifen in engerem Abstand erwünscht sein, wenn die Schwellen unmittelbar auf den Obergurten aufliegen.

Die Höhe der Beulsicherheit für die einzelnen Beispiele zeigt, daß die Randdruckbiegespannungen fast stets ausschlaggebend sind, wie dies auch Gaber[38] (s. S. 28) in seinen Vorschlägen für die Aussteifung von Vollwandträgern zugrunde legt. Hiernach wird die waagerechte Steife in der Druckzone im oberen Fünftelpunkt oder Viertelpunkt des Stegbleches angeordnet, je nachdem ob in Höhe der neutralen Faser noch eine zweite waagerechte Steife liegt oder nicht. Sollte in einzelnen Fällen die Beulsicherheit gegen Schubspannungen in Lagernähe zu gering werden, so bringt eine weitere waagerechte Steife im unteren Fünftel- oder Viertelpunkt für die betreffenden Stegblechfelder Abhilfe. Aus dem gleichen Grunde kann auch die Verschiebung der oberen Längssteife in Frage kommen, wie das der Entwurf in St 52 des Beispiels 3b zeigt, wo die Steife im oberen Drittelpunkt liegt und dadurch die Beulsicherheit gegen Schubspannungen in Lagernähe mit der gegen Randdruckbiegespannungen in Trägermitte gleich wird.

Bei Anordnung und Bemessung der Steifen wurden Gabers[37] (s. S. 28) Forderungen beachtet:

symmetrische Lage zum Stegblech,
Einrechnung in den Hauptträgerquerschnitt,
dem Querschnitt entsprechender Endanschluß an das Stegblech und
biegefeste Durchführung über die Kreuzung mit den lotrechten Steifen.

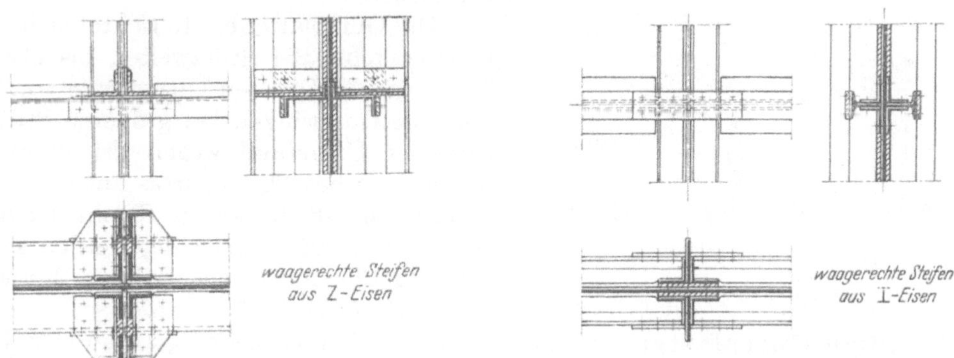

Abb. 18a. Kreuzungspunkte waagerechter und lotrechter Steifen. M 1:20.

Ein Vorschlag für die Ausbildung eines solchen Kreuzungspunktes ist in Abb. 18a gemacht.

Als zweckmäßige Steifenquerschnitte kommen gemäß den Bemessungstafeln in Frage:

1. Für lotrechte Steifen:

einfache Winkel bei kleinen,
Doppelwinkel mit zwischenliegenden Blechen bei mittleren,
Doppelwinkel mit Blechen und außenliegenden Saumwinkeln bei großen Querschnitten.

2. Für waagerechte Steifen:

ungleichschenklige Winkel bei kleinen,
Z-Eisen bei mittleren,
halbe I-Eisen bei großen Querschnitten.

4. Die Gurtausbildung.

Wenn die Abmessungen für das Stegblech festliegen, wird zunächst der Gurtwinkelquerschnitt gewählt und mit der dadurch bedingten Gurtplattenbreite in bekannter Weise das erforderliche Maß für die Gesamtdicke der Gurtplatten bestimmt.

Anzustreben ist eine derartige Wahl der Gurtwinkel und Gurtplatten, daß der Beitrag zum Trägheitsmoment von 4 Gurtwinkeln und 2 Gurtplatten ungefähr gleich groß ist. Wegen der Nietdurchmesser und Nietabstände ist es vorteilhaft, bei Gurtwinkeln und Gurtplatten etwa gleiche Dicke anzuwenden. Mit Rücksicht auf den Lochleibungsdruck sollte das Stegblech etwa doppelt so dick sein wie die Gurtwinkel, was sich aber selten praktisch erreichen läßt.

Zweckmäßige Gurtwinkelprofile gehen aus den Bemessungstafeln der Beispiele hervor. Das Verhältnis von Gurtwinkelbreite b_1 zur Stützweite l nimmt für einwandige Querschnitte gemäß Zahlentafel 30 ab mit wachsendem l.

Zahlentafel 30.
Zweckmäßige Werte für das Verhältnis Gurtwinkelbreite b_1 zur Stützweite l.

Stützweite in m	10	20	35	44,2	60
Gurtwinkelbreite b_1 in m	0,1	0,12	0,14	0,16	0,20
b_1/l	0,01	0,006	0,004	0,0035	0,0033

Bei zweiwandigen Querschnitten empfiehlt sich die von Schaper[44] angegebene Ausbildung mit Verwendung von gleichschenkligen und ungleichschenkligen Gurtwinkeln, wie das Skizze C der Abb. 18b zeigt. Dadurch kann der Gesamtquerschnitt möglichst schmal gehalten und doch die symmetrische Ausbildung der Gurte gewahrt bleiben. Skizze C zeigt

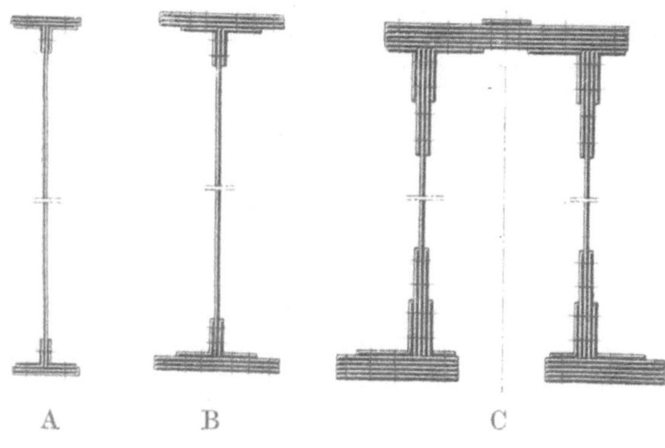

A   B   C

Abb. 18b.

gleichzeitig die Anordnung von Beilagen zwischen Stegblech und Gurtwinkeln, um den Übergang zwischen Gurt und Stegblech zu verstärken.

Die Gurtplattenbreite richtet sich nach den Gurtwinkeln. Bei Stützweiten bis etwa 20 m haben die Gurtplatten Überstände von 2—3 cm über die Gurtwinkel, bei größeren Stützweiten wird der Überstand wegen der knicksicheren Ausbildung des Druckgurtes auf 8—10 cm vergrößert, so daß eine zweite Kopfnietreihe neben den Gurtwinkeln angeordnet werden kann. Die beiden Fälle sind in den Skizzen A und B der Abb. 18b dargestellt.

Zweckmäßige Gurtplattenbreiten gehen aus den Bemessungstafeln der Beispiele hervor. Das Verhältnis von Gurtplattenbreite b zur Stützweite l nimmt für einwandige Querschnitte gemäß Zahlentafel 31 ab mit wachsendem l.

Zahlentafel 31.
Zweckmäßige Werte für das Verhältnis Gurtplattenbreite b zur Stützweite l.

Stützweite l in m	10	20	35	44,2	60
Gurtplattenbreite in m	0,24	0,42	0,46	0,50	0,60
b/l	0,024	0,021	0,013	0,012	0,01

Nach Festlegung des Gurtwinkelprofils und der Gurtplattenbreite ergibt sich die Gesamtdicke der Gurtplatten aus dem erforderlichen nutzbaren Trägheitsmoment. Für die Vergleichsentwürfe waren die in Zahlentafel 32 angegebenen Gurtplattenzahlen und -dicken notwendig.

---

[44] Schaper: Feste stählerne Brücken. 1934, S. 43.

Zahlentafel 32. *Anzahl und Dicke in mm der Gurtplatten bei den Vergleichsentwürfen der Beispiele 1—7.*

Bauart		einwandig					zweiwandig	
Stützweite in m		10	20	35	44,2	60	60	90
St 37		2×12	2×16	3×20	4×20	6×20	4×23	6×22
St 48	Anzahl und Dicke	2×11	2×13	2×16 $+1\times17$	4×14	4×19	3×16	5×16
St 46	in mm der Gurtplatten	2×10	2×12	3×16	4×14	4×19	3×16	5×16
St 52	für einen Gurt	2×10	2×12	3×16	4×14	4×17	3×15	5×18
St 90		1×8	1×10	1×15	2×13	2×14	einwandig	4×18

D. Die Gewichtsersparnis durch hochfesten Stahl.

Die Ersparniswerte werden zunächst für genietete eingleisige Brücken des Lastenzuges N auf Grund der entwickelten Gewichtsformel und der durchgearbeiteten Vergleichsentwürfe festgestellt. Anschließend wird der Einfluß der Belastung, der geschweißten Bauweise und der Lagerungsart untersucht.

Zahlentafel 33. *Gewichte in t in verschiedenen Stahlsorten für genietete eingleisige Bahnbrücken (Lastenzug N)* ζ nach Zahlentafel 4, h_s/l nach Abb. 13, C nach Zahlentafel 27.

Aus Gewichtsformel

$$G_h = \frac{\gamma\,(g_0 + \varphi\,p) + 2,2\,C\cdot\sigma_{zul}}{0,42\left(\dfrac{h_s}{l}\right)\dfrac{\sigma_{zul}}{\zeta} - \gamma\cdot l}\cdot l^2$$

berechnetes Gewicht

Stützweite l	Baustahl	$\gamma\,(g_0 + \varphi\,p)$	$2,2\cdot C\cdot\sigma_{zul}$	$0,42\left(\dfrac{h_s}{l}\right)\cdot\dfrac{\sigma_{zul}}{\zeta}$	$\gamma\cdot i$	G_{ber}	Aus Entwürfen ermitteltes Gewicht G_w
m		t/m	t/m	m	m	t	t
10	St 37	12,00	4,40	560,1	10,0	2,98	3,01
	St 48	13,58	4,84	661,5	11,3	2,83	2,71
	St 46	12,52	4,84	661,5	10,4	2,67	2,60
	St 52	13,61	4,25	685,3	11,3	2,65	2,41
	St 90	19,92	12,72	1533,0	16,6	2,15	2,14
20	St 37	10,50	4,40	517,2	20,0	11,99	12,73
	St 48	11,52	4,84	613,3	21,9	11,07	11,42
	St 46	10,67	4,84	613,3	20,3	10,46	10,71
	St 52	11,58	4,15	639,8	22,1	10,25	10,80
	St 90	17,25	12,72	1409,7	32,9	8,71	11,42
35	St 37	10,00	4,40	464,0	35,0	41,12	40,71
	St 48	10,40	4,84	552,9	36,4	36,15	35,80
	St 46	10,00	4,84	552,9	35,0	35,10	34,64
	St 52	10,49	4,25	581,9	36,7	33,12	31,88
	St 90	16,03	12,72	1257,8	56,1	29,31	30,85
44,2	St 37	9,80	4,40	436,6	44,2	70,71	70,40
	St 48	9,85	4,84	521,6	44,4	60,15	59,76
	St 46	9,80	4,84	521,6	44,2	59,92	59,76
	St 52	9,94	4,25	551,5	44,8	54,72	53,55
	St 90	15,55	12,72	1180,4	70,1	49,75	49,34
60	St 37	9,10	4,40	396,0	60,0	144,64	142,30
	St 48/46	9,10	4,84	475,0	60,0	120,93	118,35
	St 52	9,10	4,25	505,6	60,0	107,85	104,46
	St 90	13,84	12,72	1066,4	91,3	98,06	96,79
90	St 48/46	8,40	4,84	406,2	90,0	339,17	—
	St 52	8,40	4,25	436,9	90,0	295,37	—
	St 90	12,15	12,72	901,8	130,1	261,04	244,47
60	St 37	9,10	5,05	362,0	60,0	168,68	173,37
	St 48/46	9,10	6,81	461,1	60,0	142,80	150,72
	St 52	9,10	6,10	495,2	60,0	125,74	134,02
90	St 37	8,40	5,05	309,1	90,0	497,24	512,90
	St 48/46	8,40	6,81	392,4	90,0	407,41	420,41
	St 52	8,40	6,10	425,3	90,0	350,28	353,53

Der linke Rand kennzeichnet die Blöcke: *einwandige Ausbildung* (Stützweiten 10 bis 90) und *zweiwandige Ausbildung* (Stützweiten 60 und 90).

1. Einfluß von Stahlart und Bauart.

Die Zahlentafel 33 stellt die Gewichte, die für die Vergleichsentwürfe mit der Gewichtsformel Gl. (30) berechnet wurden, den tatsächlichen Gewichten gegenüber. In die Gewichtsformel wurden dabei die Zuschlagziffer ζ mit den Mittelwerten der Zahlentafel 4, die Werte h_s/l nach Abb. 13 für das Verhältnis der Stützweite l zur Stegblechhöhe h_w und die Festwerte C nach Zahlentafel 27 eingesetzt.

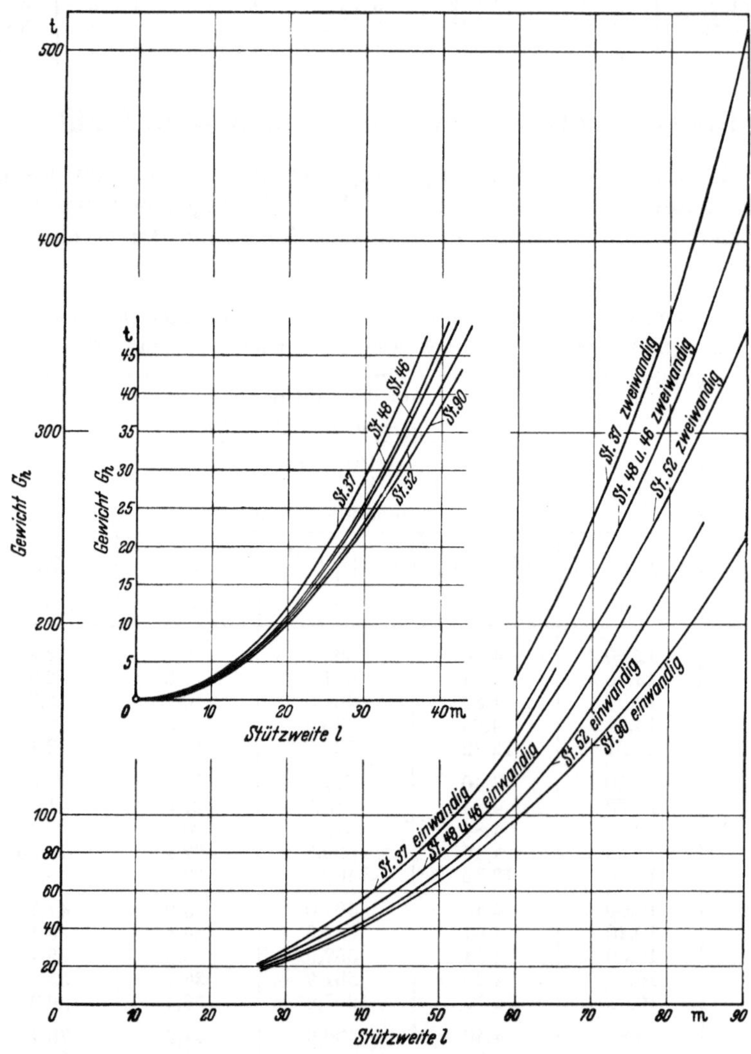

Abb. 19. Gewicht eines Hauptträgers G_h in t in Abhängigkeit von der Stützweite l in m
für genietete eingleisige Bahnbrücken (Lastenzug N).

Die Tafel zeigt gute Übereinstimmung der Berechnung durch die Gewichtsformel mit dem Ergebnis der durchgearbeiteten Vergleichsentwürfe. Abweichungen erklären sich zum Teil daraus, daß die Stegblechhöhen nicht genau übereinstimmen, zum Teil daraus, daß die wirklichen Werte ζ gegenüber den zugrunde gelegten Mittelwerten Schwankungen aufweisen. Dies trifft besonders für die Vergleichsentwürfe mit 20 m Stützweite zu, die ohne waagerechte Steifen ausgebildet sind und bei denen der Aufwand für die lotrechten Steifen das Gewicht für die hochfesten Stahlsorten entscheidend vermehrt.

Für die hier gezogenen Schlüsse ist aber die Einführung der Mittelwerte für ζ hinreichend genau.

Das Ergebnis der Gewichtsermittlung wurde zur Auftragung von Gewichtskurven in Abb. 19 benutzt.

Die Gewichtsangaben der Zahlentafel 33 werden nach der Formel

$$E_w = 100 - 100\,\frac{G_{w2}}{G_{w1}} \text{ in } \% \tag{64}$$

ausgewertet. Hierin ist G_{w1} das wirkliche Gewicht des Ausgangsbaustahls St 37, auf den die Ersparnis bezogen ist, und G_{w2} das des damit verglichenen Baustahls. Die Ersparnishundertsätze werden getrennt für die mit der Formel berechneten und die aus den Vergleichsentwürfen ermittelten Gewichte in Zahlentafel 34 gegenübergestellt und in Abb. 20—23 in Abhängigkeit von der Stützweite aufgetragen.

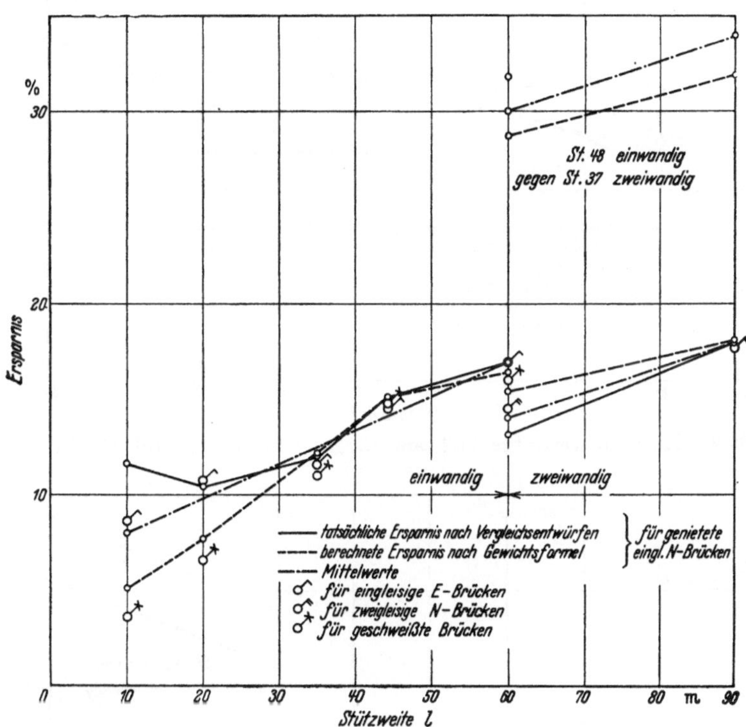

Abb. 20. Ersparniswerte für Vollwandträger St 48 bezogen auf St 37 in %.

Die Gewichtsersparnisse wachsen im allgemeinen mit der Stützweite an, beim Übergang von der einwandigen zur zweiwandigen Ausbildung ist ein sprunghafter Abfall der Ersparnishöhe vorhanden.

Zahlentafel 34. *Ersparnishundertsätze E_w für hochfeste Stähle bezogen auf St 37 in % (genietete eingleisige Bahnbrücken, Lastenzug N).*

Bauart		einwandig					zweiwandig	
Stützweite m		10	20	35	44,2	60	60	90
Auf Grund der Gewichts- formel mit Mittelwert für ζ	St 48	5,1	7,7	12,1	15,0	16,4	15,4	18,1
	St 46	10,5	12,8	14,7	15,3	16,4	15,4	18,1
	St 52	11,2	14,5	19,5	22,6	25,9	25,5	29,6
	St 90	27,9	27,4	28,8	29,7	32,1	—	—
Auf Grund der Vergleichs- entwürfe	St 48	11,6	10,4	12,0	15,0	16,9	13,1	18,0
	St 46	15,3	15,9	14,9	15,0	16,9	13,1	18,0
	St 52	21,5	14,5	21,7	23,9	26,6	22,6	31,1
	St 90	30,2	10,4	23,2	29,9	32,0	—	—

Die bisher angegebenen und betrachteten Ersparniswerte fußen auf dem Vergleich bei gleicher Bauart. Die Grenzstützweiten für den zweckmäßigen Übergang von der einwandigen zur zweiwandigen Ausbildung sind, wie Zahlentafel 28 zeigt, um so größer, je hoch-

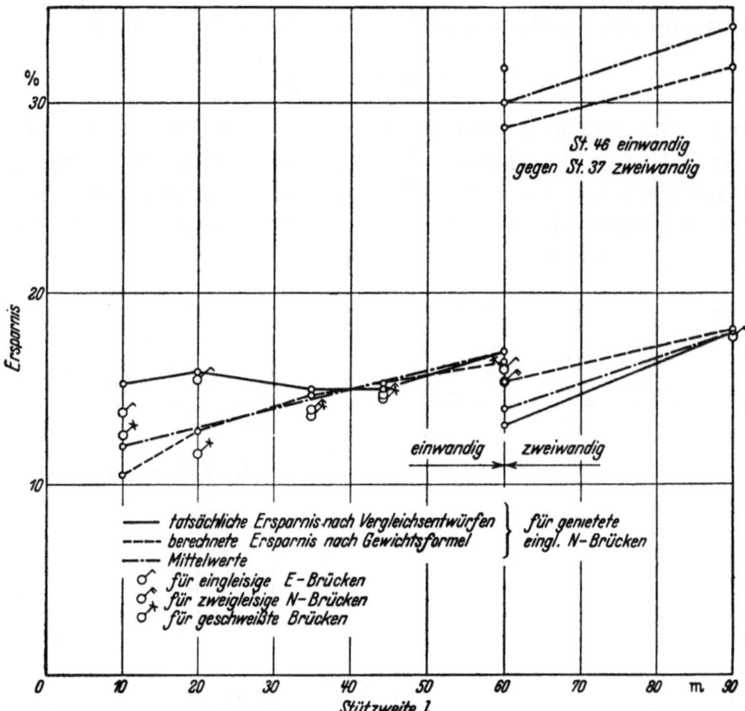

Abb. 21. Ersparniswerte für Vollwandträger St 46 bezogen auf St 37 in %

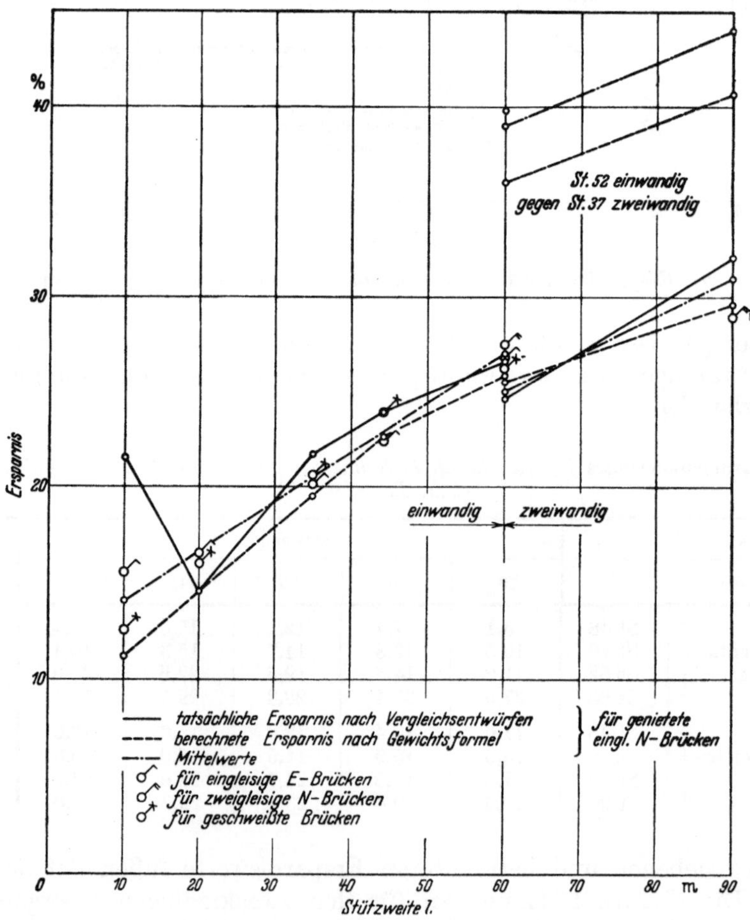

Abb. 22. Ersparniswerte für Vollwandträger St 52 bezogen auf St 37 in %.

wertiger der verwendete Baustahl ist. Wenn man nun einen Entwurf in hochfestem Stahl und einwandiger Ausbildung mit einem Entwurf der gleichen Stützweite in St 37 und zweiwandiger Ausbildung vergleicht, so wirkt nicht nur die Stahlart, sondern auch die Bauart

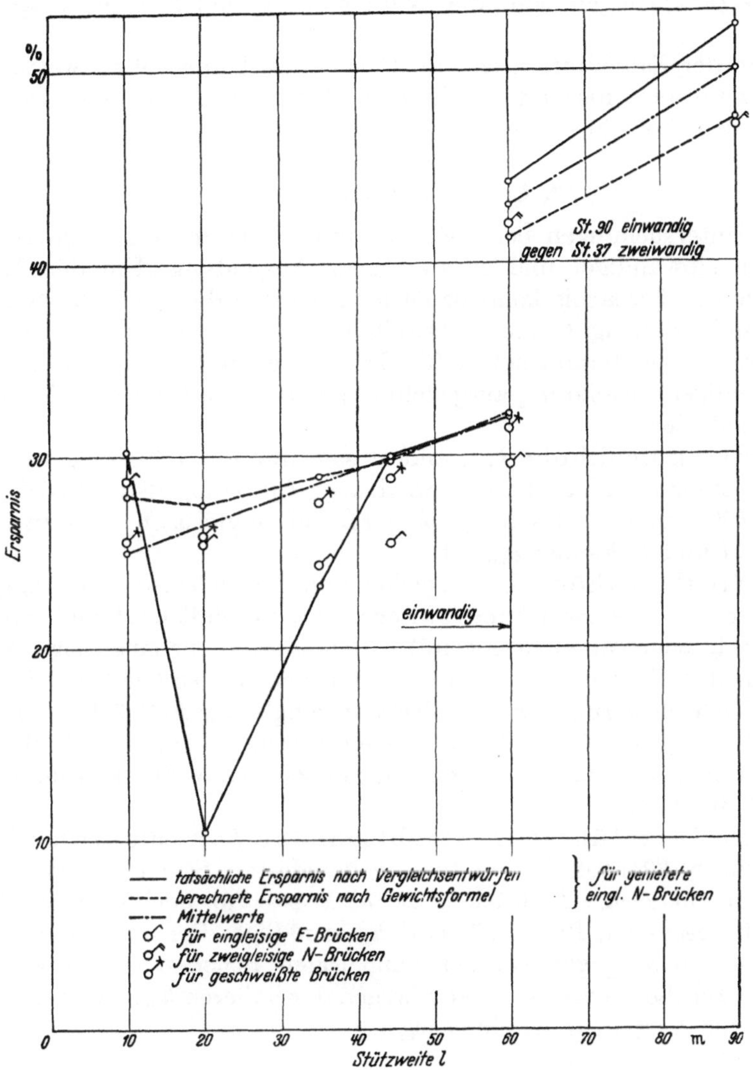

Abb. 23. Ersparniswerte für Vollwandträger St 90 bezogen auf St 37 in %.

in entscheidender Weise auf die Höhe der Gewichtsersparnis ein. Zahlentafel 35 gibt einen Überblick über diese Ersparniswerte unter Berücksichtigung verschiedener Bauart wiederum getrennt für Berechnung nach der Gewichtsformel und Ermittlung aus den Vergleichsentwürfen.

Andererseits kann Bauart mit beschränkter Bauhöhe, wenn sie zu einer Verringerung der zweckmäßigen Stegblechhöhe h_w zwingt, oft ein Absinken der Ersparnishöhe hervorrufen. Bei hochfesten Stahlsorten stimmt, wie nachgewiesen wurde, h_w meist mit $h_{\min}$ überein,

Zahlentafel 35.

Ersparnishundertsätze für hochfeste Stähle bezogen auf St 37 bei verschiedener Bauart in % (genietete eingleisige Bahnbrücken, Lastenzug N).

Stützweite m		60	90
Auf Grund der Gewichts- formel mit Mittelwert für ζ	St 48/46	28,7	31,9
	St 52	36,0	40,7
	St 90	41,3	47,5
Auf Grund der Vergleichs- entwürfe	St 48/46	31,8	—
	St 52	39,8	—
	St 90	44,2	52,3

während bei St 37 die Beanspruchung noch voll ausgenutzt sein kann, auch wenn $h_s < h_w$ gewählt wurde.

Auch wegen der erforderlichen Standsicherheit kann eine Verringerung der Gewichtsersparnis dadurch eintreten, daß hochfeste Stahlsorten infolge des geringeren Eigengewichts Mehraufwand für Verankerungen oder die Wahl eines größeren Hauptträgerabstandes bedingen.

Aus den Werten der Zahlentafeln 34 und 35 lassen sich rohe Mittelwerte für geradlinige Zunahme der Gewichtsersparnis mit wachsender Stützweite ableiten. Die Linien dieser Mittelwerte sind in den Abb. 20—23 eingetragen.

2. Einfluß der Belastung.

Die bisherigen Untersuchungen beziehen sich auf genietete eingleisige Bahnbrücken für den Lastenzug N in einwandiger und zweiwandiger Ausbildung. Um den Einfluß der Belastung auf die Höhe der Ersparnis kennenzulernen, wurden die Ermittlungen auf eingleisige Bahnbrücken für den Lastenzug E mit Stützweiten von 10 m bis 60 m bei einwandiger Ausbildung und auf zweigleisige Bahnbrücken für den Lastenzug N mit Stützweiten von 60 m bis 90 m bei zweiwandiger Ausbildung ausgedehnt. Bei Beibehaltung des gleichen Ganges der Untersuchungen ergibt sich:

1. Die Mindeststegblechhöhe $h_{\min}$ ändert sich nur um 1 bis 5%, wenn Lastenzug E an die Stelle des Lastenzugs N tritt; $h_{\min}$ wird aber für zweigleisige Brücken bei den betrachteten großen Stützweiten 12 bis 25% höher als bei eingleisigen, und zwar um so mehr, je größer Stützweite l und je kleiner σ_{zul} ist.

2. Die ideale Stegblechhöhe h_i ist stärker von der Belastung abhängig als $h_{\min}$. Die Konstanten c_1 und c_2 für die Beziehung zwischen Stegblechdicke t und Stegblechhöhe h_s ändern sich zwar wenig oder gar nicht gegenüber den Werten für eingleisige N-Brücken. Der Verhältniswert c_3 für den Steifenaufwand wächst dagegen mit sinkender Belastung, weil das Gewicht der tragenden Teile geringer wird. c_3 liegt für eingleisige E-Brücken 10 bis 12% höher, für zweigleisige N-Brücken rd. 10% tiefer als für eingleisige N-Brücken. Dadurch wird h_i für eingleisige E-Brücken im Mittel 12% niedriger, für zweigleisige N-Brücken im Mittel 8% höher als für eingleisige N-Brücken.

3. Die wirklich auszuführende Stegblechhöhe h_w richtet sich wie bei den eingleisigen Brücken für St 37 nach h_i und für die hochfesten Stähle überwiegend nach $h_{\min}$. Demnach bleiben für eingleisige E-Brücken die h_w-Werte für hochfeste Stähle, wie für die N-Brücken ermittelt, bestehen, für St 37 wird h_w ermäßigt. Bei den zweigleisigen Brücken muß für alle Stahlsorten h_w gegenüber den eingleisigen Brücken erhöht werden, für St 37 wegen der Gurtdicke, für die hochfesten Stähle wegen der höheren $h_{\min}$-Werte. Die betreffenden Gleichungen lauten für Lastenzug E, eingleisig:

$$h_{w\,37} = \frac{l}{9,8 + 0,075\,l} \text{ in m,} \tag{65}$$

für St 48 und 46, St 52, St 90 bleibt Gl. (51), (52), (53) gültig,

für Lastenzug N zweigleisig:

$$h_{w\,37} = \frac{l}{8,9 + 0,06\,l} \text{ in m,} \tag{66}$$

$$h_{w\,48 \text{ und } 46} = \frac{l}{8,0 + 0,06\,l} \text{ in m,} \tag{67}$$

$$h_{w\,52} = \frac{l}{9,1 + 0,06\,l} \text{ in m,} \tag{68}$$

$$h_{w\,90} = \frac{l}{6,6 + 0,06\,l} \text{ in m.} \tag{69}$$

4. Die Stegblechdicke t behält im allgemeinen das gleiche Verhältnis zur Stegblechhöhe h_w wie bei den eingleisigen N-Brücken. Die Schubspannungen ändern sich zwar bei gleichen Stegblechabmessungen proportional mit der Querkraft und der Belastung. Für die Beulsicherheit geben aber fast in allen Fällen die Randdruckbiegespannungen den Ausschlag, und deren Höhe hängt von der Randfaserbeanspruchung und nicht von der Belastung ab.

Die Stegblechdicken können also auch für die Brücken mit kleinerer oder größerer Belastung den Abb. 14—17 entnommen werden. In Fällen, wo die Stegblechdicke bei den eingleisigen N-Brücken vor allem aus praktischen Gründen gewählt wurde, um ein vernünftiges Verhältnis zwischen Gurtabmessungen und Stegblechdicke zu erreichen, und wo infolgedessen die Beulsicherheit reichlich ist, kann man die Stegblechdicke für E-Brücken um etwa 1 mm gegenüber den Werten der Abbildungen herabsetzen.

Zur rechnerischen Bestimmung von t aus h_w lassen sich wieder Festwerte $C = \left(\frac{h_w}{l}\right)^2 \cdot t$ festlegen. Diese weichen von den Werten mit anderem h_w/l natürlich ab, zeigen aber bei zweckmäßiger Abstimmung von t und h_w auch in diesem Fall nur geringe Schwankungen innerhalb des betrachteten Stützweitenbereiches. Unter Beibehaltung der C-Werte der eingleisigen N-Brücken für hochfeste Stahlsorten auch für E-Brücken ergeben sich die Zahlen der Zahlentafel 36.

Zahlentafel 36. *Festwerte* $C = 10^6 \left(\frac{h_w}{l}\right)^2 \cdot t$ *in m für genietete eingleisige Bahnbrücken des Lastenzuges E und genietete zweigleisige Bahnbrücken des Lastenzuges N.*

Gleiszahl	Belastung	Bauart		St 37	St 48/46	St 52	St 90
1	E	einwandig	$10^6 \left(\frac{h_w}{l}\right)^2 \cdot t$ in m	104	121	92	134
2	N	einwandig		—	—	—	205
		zweiwandig		250	300	215	—

5. Die Zuschlagziffer ζ kann nach den Angaben der Zahlentafel 4 festgelegt werden. Danach wird man zweckmäßig gegenüber den Mittelwerten für eingleisige N-Brücken ζ für eingleisige E-Brücken um rd. 5 % erhöhen, ζ für zweigleisige N-Brücken um rd. 3 % ermäßigen.

6. Die Gewichte berechnet man aus der Gewichtsformel Gl. (30), indem man die angegebenen Werte für h_s/l, C und ζ einsetzt. Gewichte und daraus folgende Ersparnis sind in Zahlentafeln 37 und 38 zusammengestellt.

Zahlentafel 37. *Gewichte in t und Gewichtsersparnis bezogen auf St 37 in % für genietete eingleisige Bahnbrücken des Lastenzugs E (einwandige Ausbildung).*

Stützweite in m	10		20		35		44,2		60	
	t	%	t	%	t	%	t	%	t	%
St 37	2,90	—	10,5	—	34,6	—	60,8	—	130,0	—
St 48	2,65	8,6	9,39	10,6	30,6	11,5	51,9	14,5	107,8	17,0
St 46	2,50	13,8	8,88	15,5	29,8	13,8	51,9	14,5	107,8	17,0
St 52	2,45	15,5	8,74	16,5	27,6	20,2	47,0	22,4	95,0	26,8
St 90	2,07	28,7	7,82	25,5	26,2	24,3	45,3	25,4	91,3	29,5

Die Werte für die Ersparnis sind in den Abb. 20—23 eingetragen. Ihre Lage zeigt, daß die Belastung auf die Höhe der Ersparnis nur unwesentlich einwirkt. Es können daher für eingleisige E-Brücken und zweigleisige N-Brücken die gleichen Linien der rohen Mittelwerte beibehalten werden wie für eingleisige N-Brücken.

Für andere Belastungen, beispielsweise von Straßenbrücken, kann die Gewichtsersparnis durch hochfeste Stähle nach dem Ergebnis für Bahnbrücken verschiedener Belastung durch Vergleich der Belastungsgleichwerte g_0 und φp geschätzt werden.

Zahlentafel 38. *Gewichte in t und Gewichtsersparnis bezogen auf St 37 in % für genietete zweigleisige Bahnbrücken des Lastenzugs N.*

Bauart	Stützweite in m	60		90	
		t	%.	t	%
zweiwandig	St 37	251	—	699	—
	St 48/46	210	16,3	575	17,7
	St 52	182	27,5	496	29,0
einwandig	St 90	148	41,0	369	47,2

Die Belastung kann schließlich noch einen Einfluß von besonderer Art, wenn auch meist von geringem Ausmaß dadurch ausüben, daß auf der Brücke eine Gleiskrümmung vorhanden ist. In diesem Fall erhöht sich das für die Beanspruchung maßgebende größte Biegungsmoment $M_{\max}$ infolge der **Fliehkraft**, während für die Durchbiegung das Biegungsmoment aus der **ruhenden** Verkehrslast M_p, also **ohne Fliehkraft**, einzusetzen ist. Dadurch wird die Mindestträgerhöhe nach **Gaber** gemäß Gl. (31) kleiner, und die wirklich auszuführende Stegblechhöhe h_w der hochfesten Stähle nähert sich mehr der günstigsten Stegblechhöhe h_i, so daß das Gewicht kleiner und die Gewichtsersparnis gegenüber St 37 höher wird.

3. Einfluß geschweißter Bauweise.

Für eingleisige Brücken des Lastenzuges N soll nunmehr für einwandige Ausbildung und Stützweiten von 10 bis 60 m der Einfluß geschweißter Bauweise untersucht werden. Hierzu muß allerdings bemerkt werden, daß ein Vergütungsstahl wie der hier zugrunde gelegte St 90 nicht schweißbar ist. Wenn man den gleichen Gang der Untersuchung wie bei genieteten Bauwerken beibehält, ergibt sich:

1. Die **Mindeststegblechhöhe** $h_{\min}$ ändert sich gegenüber genieteter Bauweise nicht, weil die Verkehrslast gleich bleibt und die ständige Last sich nur wenig verringert.

2. Die **ideale Stegblechhöhe** h_i wird höher, weil der Aufwand für die Steifen geringer wird. Die konstanten Werte c_1 und c_2 bleiben wie bei genieteter Bauweise, weil das gleiche Verhältnis der Stegblechdicke zur Stegblechhöhe beibehalten wird. Der konstante Wert c_3 sinkt dagegen erheblich gegenüber genieteter Ausführung. Das liegt zum Teil daran, daß die Gurte geschweißter Vollwandträger eine weniger günstige Spannungsausnutzung aufweisen, weil meistens aus praktischen Gründen der Querschnitt weniger stark abgestuft wird als beim genieteten Träger. Vor allem sinkt aber das Gewicht des Aussteifungsmaterials dadurch, daß die am Stegblech anliegenden Schenkel der Steifen bei geschweißter Anordnung in Fortfall kommen, und daß außerdem die unter diesen anliegenden Schenkeln angeordneten Futter entfallen.

Im Vergleich mit den durchgearbeiteten Beispielen in genieteter Bauweise können die Werte für c_3 mit genügender Genauigkeit nach Zahlentafel 39 angenommen werden.

Zahlentafel 39.

Werte $c_3 = F_a/h_s\,t$ für geschweißte eingleisige Bahnbrücken des Lastenzugs N in einwandiger Ausbildung.

	St 37	St 48/46	St 52	St 90
c_3	0,25	0,28	0,30	0,50

Praktische Beispiele geschweißter Träger zeigen, daß der Wert c_3 auf die halbe Höhe wie bei genieteter Bauweise absinken kann. Wenn die am Stegblech anliegenden Schenkel der Steifen nur zum Teil fortfallen, etwa damit die Schweißnähte auf beiden Seiten des Stegbleches versetzt angeordnet werden können, oder wenn man auf waagerechte Steifen verzichtet und die lotrechten Steifen entsprechend enger setzen muß, so liegt der Wert c_3 natürlich höher[45].

Durch die Ermäßigung der c_3-Werte nach Zahlentafel 39 erhöht sich h_i um 5 bis 8 % gegenüber genieteter Bauweise.

3. Die **wirklich auszuführende Stegblechhöhe** h_w bleibt für St 46, St 48 und St 90 wie bei genieteter Bauweise, weil für diese Stahlsorten $h_{\min}$ maßgebend ist. Für St 37 und St 52 liegt dagegen die Kurve der h_i-Werte über der für $h_{\min}$, so daß sich h_w nach h_i richtet. Die hiernach für geschweißte Bauweise ermittelten Gleichungen lauten:

$$h_{w\,37} = \frac{l}{7,7 + 0,075\,l} \quad \text{in m,} \qquad (70)$$

$$h_{w\,52} = \frac{l}{9,1 + 0,075\,l} \quad \text{in m,} \qquad (71)$$

für St 46/48 und St 90 bleibt Gl. (51) und (53) gültig.

4. Die **Stegblechdicke** t kann wieder für feststehendes h_w den Abbildungen 14—17 entnommen werden.

Zahlentafel 40.

Festwerte $C = 10^6 \left(\dfrac{h_w}{l}\right)^2 \cdot t$ in m für geschweißte eingleisige Bahnbrücken des Lastenzugs N und einwandige Ausbildung.

	St 37	St 48/46	St 52	St 90
$10^6 \left(\dfrac{h_w}{l}\right)^2 \cdot t$ in m	167	121	105	134

Zur rechnerischen Bestimmung von t aus h_w gelten Festwerte C nach Zahlentafel 40, wobei für St 46/48 und St 90 die Werte der genieteten Bauweise beizubehalten sind.

---

[45] Vgl. z. B. **Brückner**: Die Brücke über den Ziegelgraben im Zuge des Rügendammes. Bautechn. 1937, Heft 4.

5. **Die Zuschlagziffer** ζ sinkt aus den gleichen Gründen wie die Konstante c_3 ab. Sie kann im Mittel 7% unter den für genietete Bauwerke angegebenen Mittelwerten angesetzt werden.

6. **Die Gewichte** berechnet man aus der Gewichtsformel Gl. (30), indem man die angegebenen Werte für h_s/l, C und ζ einsetzt; Gewichte und daraus folgende **Gewichtsersparnis** sind in Zahlentafel 41 zusammengestellt.

Zahlentafel 41. *Gewichte in t und Gewichtsersparnis bezogen auf St 37 in % für geschweißte eingleisige Bahnbrücken des Lastenzugs N (einwandige Ausbildung).*

Stützweite in m .	10		20		35		44,2		60	
	t	%	t	%	t	%	t	%	t	%
St 37	2,70	—	10,92	—	37,5	—	64,8	—	132,4	—
St 48	2,62	3,5	10,20	6,5	33,4	11,0	55,2	14,7	111,2	16,0
St 46	2,36	12,6	9,65	11,6	32,4	13,6	55,2	14,7	111,2	16,0
St 52	2,36	12,6	9,18	16,0	29,8	20,6	49,3	23,9	97,8	26,2
St 90	2,01	25,5	8,12	25,7	27,2	27,5	46,2	28,7	90,9	31,4

Die Werte für die Ersparnis sind in den Abb. 20—23 eingetragen. Ihre Lage zeigt, daß geschweißte Bauweise die Ersparnis geringfügig vermindert. Man kann die Linien roher Mittelwerte 1% tiefer als für genietete Bauwerke annehmen.

Dies Ergebnis steht im Einklang mit den Angaben für den Vergleich verschiedener Entwürfe für die Allerbrücke bei Verden[46]. Hierbei ergab sich als Ersparnis für St 52 gegenüber St 37: 18% bei genieteter und 16% bei geschweißter Bauweise. Diese Ersparnis bezieht sich allerdings auf das Gesamtgewicht des Bauwerkes einschließlich der in St 37 ausgeführten Buckelbleche, Fußwege und Geländer.

4. Einfluß der Lagerungsart.

Es wurde schon darauf hingewiesen, daß für andere Tragsysteme als den frei aufliegenden Träger die Gewichtsformel Gl. (30) entsprechend abgeändert werden muß. Überschlagsrechnungen zeigen, daß die Gewichtsersparnis für durchlaufende Träger gegenüber der für frei aufliegende Träger etwas absinkt, was zum Teil daran liegt, daß sich die Berücksichtigung wechselnder Beanspruchung stärker auswirkt. Zahlenmäßige Festlegung der Ersparnis würde umfangreiche Rechenarbeit erfordern, die in keinem Verhältnis zu dem praktischen Wert stände. Es genügt für Fälle der Praxis, die für frei aufliegende Träger ermittelten Werte als Grundlage für entsprechende Schätzungen zu verwenden.

Nachstehende Zahlentafel 42 stellt die Zahlen der Mittelwertlinien der Abb. 20—23 zusammen.

Zahlentafel 42. *Mittelwerte für die auf St 37 bezogene Ersparnis durch hochfeste Stähle bei Vollwandträgern in %.*

	Genietete N- und E-Brücken 1- u. 2gleisig			Geschweißte N-Brücken
Bauart	einwandig	zweiwandig	einwandig hochfest gegen zweiwandig St 37	einwandig
Stützweite m . . .	10—60	60—90	60—90	10—60
St 48	8—17	14—18	30—34	7—16
St 46	12—17	14—18	30—34	11—16
St 52	14—27	25—31	39—44	13—26
St 90	25—32	—	43—50	24—31

Um Folgerungen für die praktische Anwendung ziehen zu können, sollen nun im nachstehenden Abschnitt ergänzende Angaben für Fachwerkhauptträger, Fahrbahnen und Verbände an Hand einer beschränkten Anzahl von Vergleichsentwürfen gebracht werden.

---

[46] Rütjerodt: Die geschweißten Straßenbrücken über die Aller bei Verden. Bautechn. 1933, Heft 4.

II. Teil.

Fachwerkbrücken.

A. Theoretische Gewichtsformeln.

Für Fachwerkträger sind wiederholt Gewichtsformeln entwickelt worden. Engeßer hat auch auf diesem Gebiete wie auf vielen anderen als erster grundsätzliche Lösungen angegeben. Nach seinen ersten Veröffentlichungen[47] hierüber, die bereits den allgemein gültigen Aufbau für die Gewichtsformel erkennen lassen, hat Engeßer es späterhin vorgezogen, empirische Formeln für die verschiedenen Brückenarten anzugeben[48]. In der bereits erwähnten Abhandlung über Baustoffe[3] (s. S. 2) bringt Engeßer die allgemeingültige Gewichtsformel

$$g_h = \frac{(g_0 + \varphi \cdot p)\, n \cdot \delta \cdot \mu \cdot l}{L - n \cdot \delta \cdot \mu \cdot l} \quad \text{in t/m,} \tag{72}$$

hierin ist $n = \sigma_B/\sigma_{zul}$ die Sicherheitszahl, δ die Bauziffer, $L = \sigma_B/\gamma$ die Traglänge und μ eine „Systemziffer". Diese Grundform ist auch in allen von anderen[49] angegebenen Gewichtsformeln trotz ihrer oft verwickelten Einzelausdrücke wiederzuerkennen.

Als Beispiele seien hier aufgeführt:

Die von Angst[50] in seiner Dissertation zugrunde gelegte Grundformel von Rohn:

$$g_t = \frac{\gamma \varkappa \sum\limits_{0}^{1} \dfrac{S_{\prime} \cdot s}{\sigma_{zul}}}{1 - \gamma \varkappa \sum\limits_{0}^{1} \dfrac{S_{gt} \cdot s}{\sigma_{zul}}} \quad \text{in t/m.} \tag{73}$$

Hierin bedeutet $\varkappa$ die Bauziffer, $S_{\prime}$ die Stabkraft für die unbekannten Auflasten, S_{gt} die Stabkraft für das Eigengewicht $g_t = 1$ t/m.

Die von Bleich[51] angegebene Formel

$$g_h = \frac{\sum \dfrac{s}{\sigma_{zul}} \cdot (S_0 \cdot g_f + S_v)}{750\, L - \sum \dfrac{S_0 \cdot s}{\sigma_{zul}}} \quad \text{in t/m.} \tag{74}$$

Hierin bedeutet S_0 die Stabkraft aus Belastung 1 t/m, S_v die Stabkraft aus der Verkehrslast, g_f das auf einen Hauptträger entfallende Fahrbahngewicht für 1 m Brücke, L die Stützweite. Die Bauziffer ist bei dieser Formel in dem Festwert 750 mit dem Mittelwert 1,70 enthalten.

---

[47] Engeßer: Entwicklung einer Eigengewichtsformel für schmiedeeiserne Bogenbrücken. Z. Bauw. 1877.

[48] Engeßer: Über das Eigengewicht schmiedeeiserner Fachwerkbrücken mit parallelen Gurtungen. Z. Bauw. 1878. — Engeßer: Formeln für das Eigengewicht von Straßenbrücken. Z. Baukunde 1881.

[49] Vgl. z. B. Strieboll: Materialverhältnisse bei Balkenträgern und Bogenträgern mit Zugband. Diss. Darmstadt 1905. — Böhrig: Die Bestimmung des Eigengewichts der Hauptträger größerer eiserner Fachwerkbrücken. Zbl. Bauverw. 1912, S. 318. — Marquardt: Beitrag zur Ermittlung der Eigengewichte eiserner Fachwerkbalkenbrücken. Brückenbau 1913, S. 120. — Schroeder: Beitrag zur Gewichtsberechnung der Fachwerkträger eiserner Brücken. Eine neue Formel zur Berechnung des Eigengewichts einfacher Balken- und Bogenträger, nebst Ermittlung der Belastungsgleichwerte für Eisenbahnbrücken. Diss. Braunschweig 1918.

[50] Angst: Untersuchungen über die Trägergewichte und die günstigsten Trägerabmessungen bei Parallel- und Halbparabelträgern mit unten liegender Fahrbahn. Diss. Zürich 1918.

[51] Bleich: Theorie und Berechnung der eisernen Brücken. 1924, S. 12.

Und schließlich die von Fuchs[4] entwickelte Formel

$$g_h = \gamma \cdot \mu \cdot l \cdot \frac{g_f \cdot K_{gt} + \varphi\, p \cdot K_{pt}}{\sigma_{zul} - n \cdot \gamma \cdot \mu \cdot K_{gt} \cdot l} \quad \text{in t/m}. \tag{75}$$

Hierin sind K_{gt} und K_{pt} Kennzahlen, $n = \dfrac{g_h + g_v}{g_h}$ ist ein Wert, der das mit der Stützweite wachsende Gewicht der Verbände zu dem Hauptträgergewicht in Beziehung setzt, und μ die Bauziffer.

Fuchs kann in Anspruch nehmen, in seiner in Karlsruhe entstandenen gründlichen Arbeit Endgültiges über die Gewichtsermittlung von Fachwerkträgern ausgesagt zu haben. Sein Vorschlag, Kennzahlen für die Summenausdrücke $\sum S \cdot s$ des Einheitsträgers einzuführen, erleichtert es, den Einfluß von Trägerabmessungen, Bauart, Belastung und Lagerungsart systematisch zu erfassen. Fuchs behandelt auch die Frage der Gewichtsersparnis durch Anwendung einer höherwertigen Stahlsorte und gibt das Verhältnis der Gewichte zweier miteinander verglichenen Stahlsorten an zu

$$\frac{G_2}{G_1} = \frac{\dfrac{\sigma_1}{\mu_1 \cdot \gamma \cdot l} - n \cdot K_{gt}}{\dfrac{\sigma_2}{\mu_2 \cdot \gamma \cdot l} - n \cdot K_{gt}}. \tag{76}$$

Diese Formel setzt gleiche Trägerabmessungen für die verglichenen Entwürfe mit verschiedenen Stahlarten voraus. Wie Fuchs nachweist, würde für alle Stützweiten der Grundersparniswert überschritten, wenn auch die Bauziffer für die verglichenen Stahlsorten gleich wäre.

Aus den angegebenen Formeln geht der entscheidende Einfluß der Bauziffer hervor. Man kommt nur dann zu einem brauchbaren Ergebnis der Gewichtsermittlung aus den Formeln, wenn ein gut zutreffender Wert für die Bauziffer eingesetzt wird. Ebenso setzt eine theoretische Ermittlung der Gewichtsersparnis voraus, daß wenigstens das Verhältnis der Bauziffern für die verglichenen Stahlsorten richtig angenommen wird.

B. Die Bauziffer.

Auch beim Fachwerkträger unterscheidet man „Grundgewicht" G_{gr}, „theoretisches Gewicht" G_{th} und „wirkliches Gewicht" G_w.

Das Grundgewicht ergibt sich wieder, wenn man die Grundlagen der Bemessung, nämlich die Stabkräfte und die zulässige Beanspruchung, zugrunde legt:

$$G_{gr} = \frac{\gamma}{\sigma_{zul}} \sum S \cdot s \quad \text{in t}. \tag{77}$$

Das theoretische Gewicht[52] erhält man, wenn man statt von den Grundlagen vom Ergebnis der Bemessung der „tragenden Teile", nämlich von den Querschnittsflächen der Stäbe, ausgeht.

$$G_{th} = \gamma \sum F \cdot s \quad \text{in t}. \tag{78}$$

Das „wirkliche Gewicht" G_w entspricht der praktischen Ausführung. Die Differenz $G_{th} - G_{gr}$ gibt den Materialaufwand wieder, der dadurch entsteht, daß aus mancherlei Gründen, vor allem wegen der knicksicheren Ausbildung der Druckstäbe und des Nietabzuges bei Zugstäben, stets $F > S/\sigma_{zul}$ ist.

Die Differenz $G_w - G_{th}$ stellt den Materialaufwand für Knotenbleche, Stöße, Bindungen, Schotten u. dgl. dar, den man in der Praxis als „Gewichtszuschlag" im engeren Sinn bezeichnet. Mit ihm werden alle nicht bei der Bemessung der „tragenden Teile" berücksichtigten Konstruktionsglieder gewichtsmäßig erfaßt.

---

[52] Die Bezeichnung „theoretisches Gewicht" wird nicht gleichmäßig gehandhabt. Der Ausdruck $\dfrac{\gamma}{\sigma_{zul}} \sum S \cdot s$ wird bei Schaper „rechnerisches Gewicht", bei Fuchs und anderen „theoretisches Gewicht" genannt. Dagegen bezeichnet Hawranek $\gamma \sum F \cdot s$ als „theoretisches Gewicht", was auch in der Praxis fast durchweg üblich ist. Diese Bezeichnungsweise wurde auch hier beibehalten, vor allem weil dadurch eine gleichförmige Begriffsbestimmung für Vollwand- und Fachwerkträger leichter möglich ist.

Das Verhältnis G_w/G_{gr} wird als Bauziffer α bezeichnet, die Ausdrücke G_{th}/G_{gr} und G_w/G_{th} stellen ihre wichtigsten Teilwerte dar.

Die Höhe der Bauziffer schwankt erheblich nach Bauart und Abmessungen des Bauwerks, sie ist um so höher, je hochwertiger der verwendete Stahl ist. Der Einfluß von Belastung, zulässiger Beanspruchung, Trägerabmessungen, Bauart und Lagerungsart auf das Gewicht drückt sich mithin in zweifacher Hinsicht aus: in der Formel für das Grundgewicht, wo er theoretisch genau zu erfassen ist, und in der Höhe der Bauziffer, deren theoretische Festlegung nicht möglich ist. Wie schon dargelegt wurde, dient die Bauziffer einerseits zur Gewichtsermittlung, andererseits als Maßstab für die Güte eines Entwurfs. Um die Gewichtseinsparung durch hochfeste Stähle zu ermitteln, ist es von ausschlaggebender Bedeutung, die Bauziffern für erstklassige Entwürfe des gleichen Bauwerks in verschiedenen Stahlsorten einander gegenüberzustellen.

1. Angaben von anderer Seite.

Die Bemühungen, gute Mittelwerte für die Bauziffer festzulegen, sind alt.

Die frühesten Angaben stammen von Winkler[53] für Stützweiten von 20 bis 150 m. Sie liegen für Parallelträger zwischen 1,84 und 1,47 und für Parabelträger zwischen 1,57 und 1,37. Während diese Werte die knicksichere Druckstabausbildung berücksichtigen, hat Engeßer[48] (s. S. 48) Werte angegeben, die diesen Einfluß nicht enthalten, und zwar 1,98 bis 1,38 für Stützweiten von 10 bis 150 m.

Schaper[54] nennt die bekannten Mittelwerte von 1,7 für Fachwerkbalken und 1,55 für Fachwerkbogen. Marquardt[49] (s. S. 48) empfiehlt für Stützweiten unter 80 m 1,75, über 80 m 1,65 und führt an, daß die Bauziffer zwischen den Grenzen 1,36 und 1,98 schwankt. Böhrig[49] (s. S. 48) schlägt für leichte Balkenbrücken 1,7 bis 1,8, für schwerere Balkenbrücken 1,6 bis 1,65 und für Bogenbrücken 1,55 vor. Angst[50] ermittelt die Bauzifferwerte getrennt für die vier Stabgruppen des Hauptträgers, nämlich Untergurt, Obergurt, Streben und Pfosten und gibt sie für eine große Zahl von Systemen und Stützweiten zwischen 20 und 150 m in Zahlentafeln an. Er gibt ferner feste Werte für das Verhältnis der Bauzifferhöhen der verschiedenen Stabgruppen und empirische Formeln für die Änderung der Einzelwerte von Druckstäben in Abhängigkeit von der Trägerhöhe an. Die von Angst genannten Gesamtmittelwerte liegen zwischen 1,80 und 1,40.

Auch Hawranek[55] macht getrennte Angaben für die einzelnen Stabgruppen, und zwar für den Bauzifferanteil G_w/G_{th}. Er empfiehlt hier für St 48 Zahlenwerte von 1,26 bis 1,31.

Schroeder[49] (s. S. 48) geht noch einen Schritt weiter und empfiehlt, nicht nur für die einzelnen Stabgruppen Einzelwerte zu ermitteln, sondern auch den Einfluß des Nietabzuges bei Zugstäben, der Knicksicherheit bei Druckstäben und des Gewichtszuschlages für Knotenbleche, Laschen usw. besonders zu erfassen. Seine Zahlen für den Teilwert $G_w/G_{th} = 1{,}20$ bis 1,33, den er mit η bezeichnet, beruhen auf Angaben von Oberingenieur Rademacher.

Fuchs[4] (s. S. 2) ist den gleichen Weg gegangen und hat sich bemüht, noch eine weitere Aufteilung der Bauziffer durchzuführen, um zu möglichst genauen Gesamtwerten zu gelangen. Er bezeichnet die Gesamtbauziffer mit $\mu = \alpha \cdot \beta$, wobei α die Einflüsse des Nietabzuges, des Knickungszuschlages und der nicht erreichten Ausnutzung der zulässigen Spannung ausdrückt und β den Gewichtszuschlag für Vergitterungen, Stöße, Knotenbleche, Laschen, Nietköpfe und Toleranz. Für St 37 ermittelt Fuchs α mit 1,19 bis 1,50, β mit 1,18 bis 1,33, μ mit 1,40 bis 2,00.

Für vergleichbare Bauzifferwerte in verschiedenen Stahlsorten gibt es bisher nur wenige Angaben. Hawranek[56] gibt Werte für hochfeste Stähle mit $\sigma_{\mathrm{zul}} = 1700$ kg/cm² und 2100 kg/cm² auf Grund von durchgearbeiteten Entwürfen an.

Bei Fuchs können Werte für St 37 und St 52 aus den im Anhang seiner Arbeit enthaltenen Abbildungen entnommen werden.

---

[53] Winkler: Vorträge über Brückenbau. Eiserne Brücken II. Heft. Wien 1875.

[54] Schaper: Die Bauziffer der Hauptträger eiserner Brücken. Zbl. Bauverw. 1909, S. 123.

[55] Hawranek: Probleme des Großbrückenbaues. Bericht über die Internationale Brückenbautagung 1928 in Wien.

[56] Hawranek: Der Silizium-Baustahl und seine Anwendung im Brücken- und Eisenhochbau. Wissenschaft und Wirtschaft Bd. 5. Vorträge der Ingenieur-Tagung in Brünn 1928.

Bei Gaber[57] finden sich Angaben über Mittelwerte für St 37 und St 52. Zahlentafel 43 stellt diese Angaben zusammen.

Zahlentafel 43. *Vergleichbare Bauzifferwerte für verschiedene Stahlsorten.*

σ_{zul} in kg/cm		1400	1700	2100
Hawranek		—	1,63	1,70—1,72
Fuchs	$l = 50$ m	1,80	—	2,00
	$l = 100$ m	1,70	—	1,80
	$l = 300$ m	1,55	—	1,55
Gaber	leichtere Balken, mittleres l	1,7	—	1,8
	schwerere Balken, großes l	1,6	—	1,7
	Bogen	1,57	—	1,6

Voigt[58] setzt bei seinen theoretischen Gewichtsermittlungen geschätzte Werte an, und zwar für den Bauzifferanteil für Nietabzug bei Zugstäben „η_z" den für alle Stützweiten und Stahlsorten gleichen Wert 1,2, für den Bauzifferanteil für knicksichere Ausbildung von Obergurtstäben „η_0" und von Druckstreben „η_d" Werte, die mit sinkender Felderzahl und steigendem σ_{zul} wachsen, und für den Bauzifferanteil für den Gewichtszuschlag „α" Werte, die mit wachsender Felderzahl und steigendem σ_{zul} wachsen.

Zahlentafel 44 gibt eine Zusammenstellung der von Voigt genannten Zahlen.

Zahlentafel 44. *Geschätzte Bauzifferteilwerte nach Voigt.*

Felderzahl	Baustahl	Teilwert für Zugstab-Nietabzug η_z	Teilwert für Druckstab-Knicksicherheit		Teilwert für Gewichtszuschlag α für Strebenneigung	
			Obergurt η_0	Streben η_d	$>45°$ (großes h)	$=45°$ ($h =$ Feldweite)
6	37	1,2	1,78	3,33	1,35	1,30
	48	1,2	2,06	4,20	1,40	1,35
	52	1,2	2,21	4,78	1,45	1,40
8	37	1,2	1,34	2,19	1,40	1,30
	48	1,2	1,41	2,58	1,45	1,35
	52	1,2	1,47	2,84	1,50	1,40
10	37	1,2	1,19	1,73	1,45	—
	48	1,2	1,22	1,93	1,50	—
	52	1,2	1,25	2,03	1,55	—
12	37	1,2	1,12	1,55	1,50	—
	48	1,2	1,15	1,68	1,55	—
	52	1,2	1,16	1,74	1,60	—
14	37	1,2	1,09	1,44	1,55	—
	48	1,2	1,10	1,54	1,60	—
	52	1,2	1,11	1,59	1,65	—

Die darin für St 48 und St 52 angegebenen Werte für „α" dürften reichlich hoch angenommen sein.

Für zwei nach gleichen Konstruktionsgrundsätzen, nämlich in einwandiger Ausbildung ausgeführte Bauwerke mit verschiedener Stützweite, Belastung, Fahrbahnanordnung und Stahlart wurde die gleiche Bauziffer 2,05 ermittelt. Das eine Bauwerk ist ein 53,6 m weit gestützter eingleisiger Überbau mit Fahrbahn oben und einem Gewicht von 240 t St 37[59].

---

[57] Gaber: Grundlagen des Stahlbaues. Autographie des Lehrstuhls für Brückenbau u. Baustatik der T.H. Karlsruhe 1932.

[58] Voigt: Die günstigsten Höhen der als Streben-Fachwerke ausgebildeten Hauptträger eiserner Eisenbahnbrücken. Bautechn. 1931, Heft 53.

[59] Muy u. Erdmann: Umbau der Eisenbahnbrücke über die Isar bei Landshut. Bautechn. 1933, Heft 40.

Das andere Bauwerk ist ein 49,2 m weit gestützter zweigleisiger Überbau mit Fahrbahn unten und einem Gewicht von 318 t, worin 287 t St 52 enthalten sind[60].

Für Fahrbahnträger werden Bauziffern für G_w/G_{gr} nicht genannt. Der Teilwert G_w/G_{th}, der den Zuschlag für Aussteifungen, Stöße, Anschlüsse, Nietköpfe und Toleranz ausdrückt, schwankt erheblich. Voigt rechnet mit einem Mittelwert von 1,3. Auch für Verbände hat die Festlegung von Bauzifferwerten infolge der großen Schwankungen keinen Zweck. Angst gibt Werte zwischen 1,5 und 4,5 an.

Alle bisher angegebenen Bauzifferwerte sind vor Einführung des γ-Verfahrens zur Berücksichtigung der Dauerbeanspruchung ermittelt. Die heute gültigen Werte für hochfeste Baustähle werden daher im allgemeinen etwas höher liegen.

2. Nach Vergleichsentwürfen.

Um Beziehungen zwischen der Höhe der Bauziffer und ihrer Teilbeträge und der Gewichtsverminderung durch hochfeste Stähle feststellen zu können, ist die Durcharbeitung von Vergleichsentwürfen das beste Mittel. Es wurden daher 6 Beispiele von ausgeführten ein- und zweigleisigen Bahnbrücken der Lastenzüge N und E mit offener Fahrbahn für verschiedene Stützweiten und Bauarten ausgewählt und den vorhandenen Entwürfen gleichartige Entwürfe in anderen Stahlsorten gegenübergestellt. Die Durcharbeitung in St 90 erfolgte nur für das Beispiel 12 einer großen Strombrücke mit zwei ungleichen Öffnungen. Bei den anderen Beispielen wurde nur die Bemessung in St 37, St 48 und St 52 angegeben und die Änderung für St 46 gegenüber St 48 nur in den Ergebnissen berücksichtigt.

Die Bemessung der Vergleichsentwürfe ist in den Zahlentafeln 45, 47, 49, 51, 53 und 55 eingetragen, an deren Kopf Belastung, Bauart und Abmessungen der Bauwerke angegeben sind. Hierbei wurde für die Vergleichsentwürfe die gleiche Trägerhöhe zugrunde gelegt, die der Ausführungsentwurf aufweist, wozu später Stellung genommen wird.

In der nun folgenden Untersuchung wird die Bauziffer in fünf Faktoren zerlegt, um die Wirksamkeit der verschiedenen Einflüsse zu zeigen. Als Bezeichnung wurde der Buchstabe α wie in den BE beibehalten und jeder Teilwert durch einen als Index beigefügten passenden griechischen Buchstaben gekennzeichnet.

1. α_Δ zur Berücksichtigung des Nietabzuges ΔF bei Zugstäben,
2. α_ω zur Berücksichtigung der Knickzahl ω,
3. α_γ zur Berücksichtigung des Beiwertes γ für die Dauerbeanspruchung,
4. α_σ zur Berücksichtigung der nicht überall erreichbaren Ausnutzung der zulässigen Beanspruchung σ_{zul},
5. α_ζ zur Berücksichtigung des Zuschlags ζ für Knotenbleche, Stöße, Vergitterungen, Verlaschungen, Nietköpfe und Toleranz.

Hauptträger.

Die Ermittlung der Teilwerte erfolgte folgendermaßen.

1. α_Δ: Aus den einzelnen Beträgen $F-F_n$ aller auf Zug bemessenen Stäbe wird unter Berücksichtigung der Netzlänge s der Einzelstäbe das für den Nietabzug aufgewendete Gewicht ΔG_{th} festgestellt. Für jede Stabgruppe wird $\alpha_\Delta = \dfrac{G_{th}}{G_{th} - \Delta G_{th}}$ ermittelt, wo G_{th} das gesamte theoretische Gewicht der betreffenden Stabgruppe bedeutet.

2. α_ω: Aus den einzelnen Beträgen $F \cdot \dfrac{\omega - 1}{\omega}$ aller auf Knickung bemessenen Stäbe wird in der gleichen Weise ΔG_{th} und α_ω ermittelt.

3. α_γ: Aus den einzelnen Beträgen $F \cdot \dfrac{\gamma - 1}{\gamma}$ aller auf Schwell- oder Wechselbeanspruchung bemessenen Stäbe wird in der gleichen Weise ΔG_{th} und α_γ ermittelt.

---

[60] Wittenzellner: Die Donaubrücke Walhallastraße. Bauingenieur 1934, Heft 7/8.

4. α_σ: Aus den einzelnen Beträgen $F \cdot s \cdot 7{,}85 \dfrac{\sigma}{\sigma_{zul}}$ aller Stäbe wird die Summe für jede Stabgruppe gebildet, wobei σ tatsächliche und σ_{zul} zulässige Beanspruchung für Hauptkräfte bedeutet. Durch Division des theoretischen Gewichtes jeder Stabgruppe G_{th} durch den Wert $7{,}85 \; \Sigma F \cdot s \dfrac{\sigma}{\sigma_{zul}}$ wird α_σ gewonnen.

5. α_ζ: Durch Division des wirklichen Gewichtes G_w jeder Stabgruppe durch das theoretische Gewicht G_{th} wird α_ζ gewonnen.

Das Mittel für jeden Bauzifferteilwert wird unter Berücksichtigung des Anteils der einzelnen Stabgruppen an dem Wert $\Sigma S \cdot s$ gebildet.

Fahrbahn.

Bei den Fahrbahnträgern ist eine so durchsichtige Ermittlung der Bauziffer und ihrer Teilbeträge nicht möglich. Für $\alpha_\varDelta$ und α_σ ist zu beachten, daß infolge der ungleichmäßigen Beteiligung der einzelnen Querschnittsteile des vollwandigen Trägers an der Aufnahme der Spannungen eine Beziehung zwischen Kraft und Querschnittsfläche oder zwischen Grundgewicht und theoretischem Gewicht nicht durch einfache Beiwerte festgelegt werden kann. $\alpha_\varDelta$ ist für die verschiedenen Stahlsorten in der Regel annähernd gleich, jedenfalls hängt sein Wert nicht von σ_{zul} ab. α_σ ist von Zufälligkeiten abhängig, insbesondere davon, ob Trägerstützweite und -höhe gerade eine volle Ausnutzung ermöglichen, α_σ ist nicht abhängig von der Stahlsorte.

α_ω kommt für die Fahrbahnträger nicht in Frage, weil die Druckgurte bei normal ausgebildetem Querschnitt ohne Materialmehraufwand knicksicher sind. Für die Beanspruchung der Längsträger durch Normalkräfte, etwa infolge des Vorhandenseins von Bremsverbandscheiben, ist andererseits fast stets nur die Belastung durch Haupt- und Zusatzkräfte maßgebend. Da aber für die Ermittlung von α im Einklang mit den BE nur Hauptkräfte zu berücksichtigen sind, kann auch in diesem Fall α_ω außer acht bleiben.

Hiernach bleiben für einen Vergleich nur die Teilwerte übrig:

α_γ zur Berücksichtigung des Beiwertes γ für die Dauerbeanspruchung bei Querträgern,

$\alpha_\varkappa$ zur Berücksichtigung des Koeffizienten $\varkappa$ für die Bemessung von Fahrbahnlängsträgern,

α_ζ zur Berücksichtigung des Zuschlages für Aussteifungen, Stöße, Anschlüsse, Nietköpfe und Toleranz.

Die Ermittlung der Bauzifferteilwerte erfolgte folgendermaßen:

Durch Bemessungen ohne und mit Berücksichtigung des Beiwertes γ und des Längsträgerkoeffizienten $\varkappa$ wurde das Gewicht für beide Fälle ermittelt. Die Division des sich unter Berücksichtigung des Beiwertes ergebenden Gewichtes durch das zugehörige ohne Berücksichtigung des Beiwertes gefundene Gewicht ergibt den Wert α_γ oder $\alpha_\varkappa$.

Durch Division des wirklichen Gewichtes G_w jeder Trägergruppe durch das theoretische Gewicht G_{th} wird α_ζ gewonnen.

Verbände.

Bei den Schlinger-, Wind-, Brems- und Querverbänden kommt grundsätzlich eine gleiche Aufteilung der Bauziffer wie bei Fachwerkhauptträgern in Frage.

Der Teilwert α_γ entfällt aber, weil Verbände ohne γ-Verfahren zu berechnen sind. $\alpha_\varDelta$ ist bedeutungslos, weil bei Verbandsstäben infolge hoher Schlankheitsgrade und Knickzahlen fast durchweg die Bemessung auf Druck maßgebend ist. α_σ ist, wie sich zeigt, sehr großen Schwankungen unterworfen.

Hiernach bleiben für einen Vergleich nur die Teilwerte α_ω und α_ζ übrig.

In den Zahlentafeln 46, 48, 50, 52, 54 und 56 sind die Bauziffer und ihre Teilwerte für die Vergleichsentwürfe zusammengestellt. Bei den Hauptträgern sind alle 5 Teilwerte unter Angabe, wieviel Stäbe bei ihrer Ermittlung zu berücksichtigen waren, eingetragen, bei der Fahrbahn und den Verbänden nur diejenigen Teilwerte, die nach dem Gesagten für einen Vergleich in Frage kommen.

Beispiel 8.

Eingleisige Eisenbahnbrücke für Lastenzug N, durchlaufend über 3 Öffnungen mit je 33,7 m Stützweite. Parallelträger mit Trägerhöhe 3,1 m $= L/10{,}9$ und Feldweite 3,07 m $= L/11$. Ausfachung: gekreuzte Streben mit Ständern an jedem Knotenpunkt. Fahrbahn unten, waagerechter Verband nur unten.

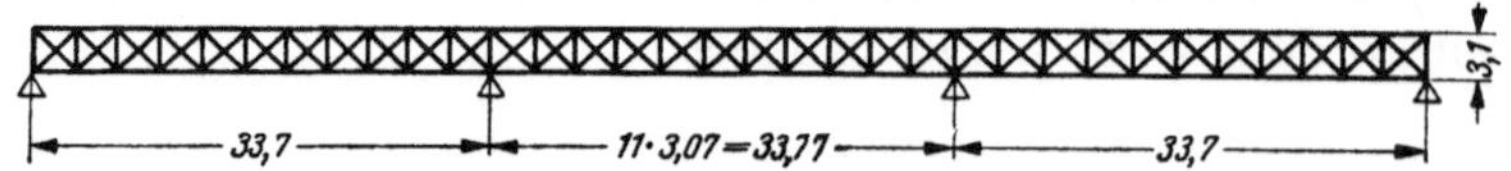

Zahlentafel 45. *Bemessung.*

Bauteil	Querschnittsform	Größte Querschnitte		
		St 37	St 48	St 52
Hauptträger:				
Gurte		4 −380·16 2 L 100·150·14 1 | 360·28	4 −360·15 2 L 100·150·14 1 | 360·25	4 −360·13 2 L 100·150.14 1 | 360·24
Streben		4 L 120·15	4 L 110·14	4 L 100·14
Ständer		2 L 100·150·12 2 L 80·10	2 L 100·150·12 2 L 70·9	2 L 100·150·12 2 L 70·9
Fahrbahn:				
Längsträger		1 −190·10 4 L 80·10 1 | 380·10	1 −170·10 4 L 80·10 1 | 380·10	1 −170·10 4 L 70·9 1 | 360·10
Querträger		4 L 130·16 1 | 800·12	4 L 120·13 1 | 800·12	4 L 110·12 1 | 800·10
Verbände:				
Schlingerverband . . Wind- u. Bremsverb.		[18 u. L 100·12 80·10 bis 100·12	wie St 37 70·9 bis 100·12	wie St 37 wie St 48

Zahlentafel 46. *Bauziffer und Teilwerte.*

Hauptträger	St 37	St 48	St 52	Hierbei waren zu berücksichtigen von insgesamt					
				66 Gurtstäben		66 Streben		34 Ständern	
				St 37	St 48 + 52	St 37	St 48 + 52	St 37	St 48 + 52
α_Δ	1,099	1,104	1,105	35	35	33	33	30	30
α_ω	1,029	1,027	1,031	24	14	20	22	4	4
α_γ	1,047	1,227*	1,221	32	52	17	44	0	0
α_σ	1,240	1,239	1,299	alle		alle		alle	
α_ζ	1,299	1,301	1,309	alle		alle		alle	
α	1,900	2,240*	2,390						

* Für St 46 sinkt α_γ auf 1,206 und α unter geringen Änderungen der übrigen Teilwerte auf 2,16.

Fahrbahn	St 37	St 48	St 52	Verbände	St 37	St 48	St 52
$\alpha_\varkappa$ für Längsträger	1,000	1,110	1,000	α_ω für Schlingerverb. . .	2,720	3,420	3,910
α_ζ ,, ,,	1,292	1,295	1,304	α_ζ ,, ,, . .	1,291	1,291	1,291
α_γ für Querträger	1,000	1,080	1,045	α_ω für Wind- u. Bremsverb.	1,820	2,180	2,380
α_ζ ,, ,,	1,444	1,483	1,539	α_ζ ,, ,, ,, ,,	1,372	1,381	1,381

Beispiel 9.

Eingleisige Eisenbahnbrücke für Lastenzug N, Stützweite 65,2 m. Halbparabelträger mit größter Trägerhöhe 8,0 m $= L/8{,}2$ (Trägerhöhe am Auflager 5,3 m) und Feldweite 6,52 m $= L/10$. Ausfachung: Strebenfachwerk mit Hilfsständern und Zwischenfachwerk. Fahrbahn oben, waagerechte Verbände oben und unten.

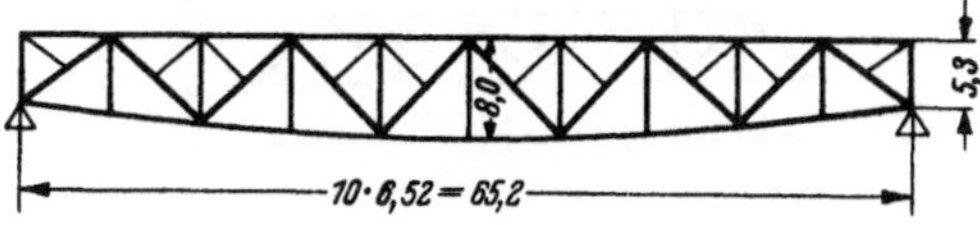

Zahlentafel 47. *Bemessung.*

Bauteil	Quer-schnitts-form	Größte Querschnitte		
		St 37	St 48	St 52
Hauptträger: Obergurt	⊤⊥	2 −780·13 4 L 130·14 2 ∣ 600·16 2 −140·16	2 −670·12 4 L 120·11 2 ∣ 500·16 2 −120·16	2 −610·12 4 L 110·10 2 ∣ 450·15 2 −110·15
Untergurt	⦀	4 L 140·15 4 ∣ 600·16 2 ∣ 315·15	4 L 120·11 4 ∣ 500·16 2 ∣ 255·11	4 L 110·12 4 ∣ 450·15 2 ∣ 225·12
Streben	⊢⊣	1 ∣ 450·12 4 L 160·15 2 −380·16	1 ∣ 360·10 4 L 100·150·14 2 −340·16	1 ∣ 320·10 4 L 100·150·14 2 −320·15
Ständer	⊢⊣	1 ∣ 450·16 4 L 100·150·12 2 −340·16	1 ∣ 360·16 4 L 100·150·12 2 −340·16	1 ∣ 320·15 4 L 100·150·12 2 −320·15
Fahrbahn: Längsträger	I	1 −260·10 4 L 120·11 1 ∣ 762·12	1 −260·10 4 L 120·13 1 ∣ 658·12	1 −260·10 4 L 120·13 1 ∣ 608·10
Querträger	I	2 −260·12 4 L 120·11 1 ∣ 750·14	2 −260·10 4 L 120·13 1 ∣ 650·14	2 −260·10 4 L 120·13 1 ∣ 600·12
Verbände: Schlingerverb. .	L u. ⊥	L 80·10	wie St 37	wie St 37
Wind- u. Bremsverb. .	⊥	100·10 bis 140·15	100·10 bis 130·14	wie St 48

Zahlentafel 48. *Bauziffer und Teilwerte.*

Haupt-träger	St 37	St 48	St 52	Hierbei waren zu berücksichtigen von insgesamt					
				11 Gurtstäben		10 Streben		11 Ständern	
				St 37	St 48 + 52	St 37	St 48 + 52	St 37	St 48 + 52
α_Δ	1,063	1,078	1,083	5	5	4	4	0	0
α_ω	1,096	1,128	1,161	4	4	6	6	6	6
α_γ	1,004	1,009*	1,009	0	0	2	4	0	0
α_σ	1,304	1,371	1,393	alle		alle		alle	
α_ζ	1,346	1,348	1,348	alle		alle		alle	
α	2,060	2,260*	2,385						

* Für St 46 sinkt α_γ auf 1,005 und α bleibt unter geringen Änderungen der übrigen Teilwerte auf 2,26.

Fahrbahn	St 37	St 48	St 52	Verbände	St 37	St 48	St 52
α_x für Längsträger	1,000	1,020	1,030	α_ω für Schlingerverb.	2,660	3,400	3,880
α_ζ „ „	1,311	1,295	1,298	α_ζ „ „	1,351	1,351	1,351
α_γ für Querträger	1,000	1,140	1,125	α_ω für Wind- u. Bremsverb.	2,200	2,980	3,180
α_ζ „ „	1,268	1,272	1,281	α_ζ „ „ „ „	1,312	1,308	1,307

Beispiel 10.

Eingleisige Eisenbahnbrücke für Lastenzug E, Stützweite 41,2 m. Trapezträger mit Trägerhöhe
5,15 m $= L/8$ und Feldweite 5,15 m $= L/8$. Ausfachung: Strebenfachwerk mit Hilfsständern. Fahrbahn
unten, waagerechter Verband nur unten.

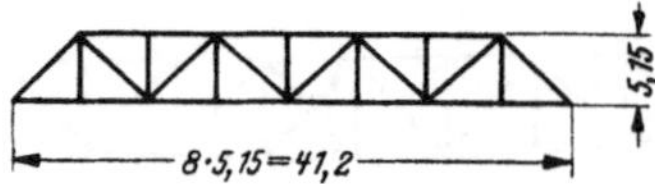

Zahlentafel 49. *Bemessung.*

Bauteil	Querschnittsform	Größte Querschnitte		
		St 37	St 48	St 52
Hauptträger: Obergurt	⊓	1 −540·12 2 [30 2 | 230·11 2 −100·10	1 −480·12 2 [28 2 | 230·10	1 −450·12 2 [26 2 | 220·10
Untergurt	][	2 [30 2 | 300·14 2 | 250·16	2 [28 2 | 280·12 2 | 230·11	2 [26 2 | 260·10 2 | 220·11
Streben	⊢⊣	1 DIE 28 2 | 280·11	1 DIE 28 2 | 280·10	2 DIE 25 2 | 270·10
Ständer	⊢⊣ *od.*	1 −267·10 4 ∟ 80·120·10 2 | 250·11	1 Ⅰ P 24	1 Ⅰ P 22
Fahrbahn: Längsträger . .	Ⅰ	Ⅰ 50	Ⅰ 50	Ⅰ 47¹/₂
Querträger	⊥	4 −240·12 4 ∟ 100·12 1 | 850·10	4 240·10 4 ∟ 100·10 1 | 850·10	4 −200·10 4 ∟ 90·11 1 | 850·10
Verbände: Schlingerverb. .	[u. ∟	[16 u. ∟ 120·13	wie St 37	wie St 37
Wind- u. Bremsverb. . .	⊥	70·9 bis 110·10	wie St 37	wie St 37

Zahlentafel 50. *Bauziffer und Teilwerte.*

Hauptträger	St 37	St 48	St 52	Hierbei waren zu berücksichtigen von insgesamt					
				7 Gurtstäben		8 Streben		7 Ständern	
				St 37	St 48+52	St 37	St 48+52	St 37	St 48+52
$\alpha_\varkappa$	1,081	1,085	1,090	4	4	4	4	4	4
α_ω	1,093	1,135	1,191	3	3	4	4	0	0
α_γ	1,005	1,041*	1,043	0	4	2	4	0	4
α_σ	1,277	1,293	1,252	alle		alle		alle	
α_ζ	1,245	1,248	1,253	alle		alle		alle	
α	1,890	2,070*	2,120						

* Für St 46 sinkt α_γ auf 1,013 und α unter geringen Änderungen der übrigen Teilwerte auf 2,01.

Fahrbahn	St 37	St 48	St 52	Verbände	St 37	St 48	St 52
$\alpha_\varkappa$ für Längsträger	1,000	1,350	1,360	α_ω für Schlingerverb. . . .	4,000	5,210	5,990
α_ζ ,, ,,	1,318	1,313	1,330	α_ζ ,, ,, . . .	1,356	1,356	1,356
α_γ für Querträger	1,000	1,030	1,040	α_ω für Wind- u. Bremsverb.	2,860	3,600	4,170
α_ζ ,, ,,	1,692	1,750	1,782	α_ζ ,, ,, ,, ,,	1,639	1,639	1,635

Beispiel 11.

Zweigleisige Eisenbahnbrücke für Lastenzug N, Stützweite 43,6 m, Trapezträger mit Trägerhöhe 7,2 = $L/6$ und Feldweite 5,45 = $L/8$. Ausfachung: Strebenfachwerk mit Hilfsständern. Fahrbahn unten, waagerechte Verbände oben und unten.

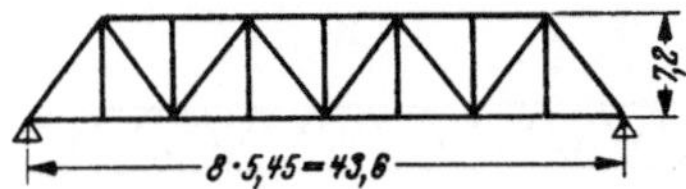

Zahlentafel 51. *Bemessung.*

Bauteil	Quer-schnitts-form	Größte Querschnitte		
		St 37	St 48	St 52
Hauptträger: Obergurt	⊓	1 −430·14 1 −790·16 4 ⌞140·13 2 ⎮550·14 2 −160·11	1 −380·12 1 −675·14 4 ⌞120·13 2 ⎮460·12 2 −135·10	1 −360·11 1 −630·12 4 ⌞110·14 2 ⎮400·12 2 −125·10
Untergurt	⫲ ⫲	4 ⌞150·15 4 ⎮550·14 2 ⎮550·11	4 ⌞140·15 2 ⎮460·12 2 ⎮460·14 2 ⎮460·10	4 ⌞130·12 2 ⎮400·12 2 ⎮400·14 2 ⎮400·8
Streben	⌷ ⌷	4 ⌞130·14 4 ⎮550·14	4 ⌞120·13 2 ⎮460·12 2 ⎮460·14	4 ⌞140·13 2 ⎮400·12 2 ⎮400·14
Ständer	⊢⊣	4 ⌞ 80·12 1 −450·12	4 ⌞ 90·11 1 −360·9	4 ⌞ 80·8 1 −350·10
Fahrbahn: Längsträger	I	1 −220·16 4 ⌞100·12 1 ⎮600·12	1 −240·16 4 ⌞110·12 1 ⎮550·11	1 −240·16 4 ⌞110·12 1 ⎮500·11
Querträger	I	6 −320·16 4 ⌞140·15 1 ⎮1200·14	4 −340·15 4 ⌞150·16 1 ⎮1200·14	4 −300·14 4 ⌞140·15 1 ⎮1200·14
Verbände: Schlingerverb.	⊏ u. ⌞	⊏18 u. ⌞90·11 bis 110·12	wie St 37	wie St 37
Wind- u. Bremsverb.	⊥ u. ⊥	90·9 bis 120·11 u. 100·150·14	90·9 bis 120·11 u. 100·150·12	wie St 48

Zahlentafel 52. *Bauziffer und Teilwerte.*

Haupt-träger	St 37	St 48	St 52	Wenn öffentlicher Fußweg von 2,5 m Breite angeordnet ist			Hierbei waren zu berücksichtigen von insgesamt					
							7 Gurtstäben		8 Streben		7 Ständern	
				St 37	St 48	St 52	St 37	St 48+52	St 37	St 48+52	St 37	St 48+52
α_Δ	1,087	1,102	1,098	1,084	1,097	1,091	4	4	4	4	4	4
α_ω	1,039	1,064	1,096	1,042	1,070	1,107	3	3	4	4	0	0
α_γ	1,005	1,043*	1,048	1,005	1,021*	1,022	0	4	2	4	0	2
α_σ	1,160	1,173	1,178	1,140	1,150	1,137	alle		alle		alle	
α_ζ	1,377	1,390	1,402	1,335	1,353	1,361	alle		alle		alle	
α	1,810	2,000*	2,070	1,720	1,865*	1,915						

* Für St 46 sinkt α_γ auf 1,014 und α unter geringen Änderungen der übrigen Teilwerte auf 1,95.
(1,012) (1,83)

Fahrbahn	St 37	St 48	St 52	Verbände	St 37	St 48	St 52
α_x für Längsträger	1,000	1,220	1,280	α_ω für Schlingerverb.	3,010	3,830	4,330
α_ζ ,, ,,	1,454	1,420	1,421	α_ζ ,, ,, . . .	1,733	1,733	1,733
α_γ für Querträger	1,000	1,085	1,080	α_ω für Wind- u. Bremsverb.	4,400	5,740	6,630
α_ζ ,, ,,	1,373	1,392	1,399	α_ζ ,, ,, ,, ,,	1,445	1,436	1,429

Beispiel 12.

Zweigleisige Eisenbahnbrücke für Lastenzug N, durchlaufend über 2 Öffnungen mit 175,2 m + 116,8 m Stützweite, Parallelträger mit Trägerhöhe 16,5 m $= L/10{,}6$ und $L/7{,}1$ und Feldweite 14,6 m $= L/12$ und $L/8$. Ausfachung: Reines Strebenfachwerk, Fahrbahn unten, waagerechter Verband oben und unten.

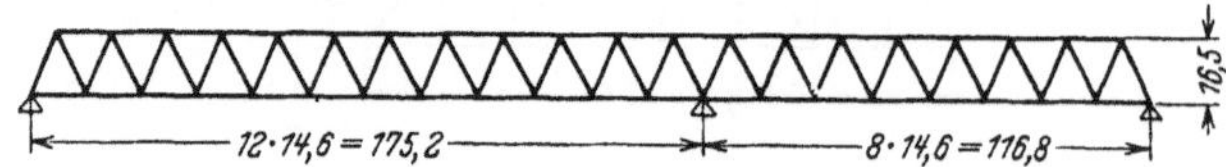

Zahlentafel 53. Bemessung.

Bauteil	Querschnitts-form	Größte Querschnitte — St 37	St 52	St 90
Hauptträger: Obergurt		2 −1500·18 6 L200·20 6 | 1400·24	2 −1300·14 6 L200·20 4 | 1100·20 2 | 900·20 2 | 260·20	2 −1250·12 6 L200·16 4 | 1000·16 2 | 800·16 2 − 220·16
Untergurt		8 − 220·24 4 − 220·12 4 L200·20 6 | 1400·24	4 − 220·24 4 − 220·12 4 L200·20 6 | 1180·20 2 | 750·20	4 − 220·15 4 L200·20 8 | 1000·16 2 | 580·20 2 | 950·20
Streben		1 − 768·20 8 L200·20 6 | 900·22	1 | 708·16 4 L150·16 4 L100·10 6 − 940·16 4 − 300·16	1 − 700·16 8 L150·16 2 | 800·25
Fahrbahn: Längsträger		4 − 365·10 4 L150·16 1 | 1500·14	2 − 280·16 4 L130·12 1 | 1500·12	2 − 170·10 4 L 80·10 1 | 1500·9
Querträger		6 − 440·24 4 L200·20 1 | 1700·20	4 − 440·20 4 L200·20 1 | 1700·16	4 − 350·18 4 L160·17 1 | 1700·14
Verbände: Schlingerverb.	[⊢	[22 u. L70·9 bis 90·9	wie St 37	[14 u. L60·6 bis 70·9
Wind- u. Bremsverb.	*oben* I *unten* ⊥	[24 bis [40 L80·120·12 u. [20 bis L200·20 u. [40	[22 bis [38 } wie St 37 {	[20 bis L24 L80·120·12 u. [20 bis L180·12 u. [40

Zahlentafel 54. Bauziffer und Teilwerte.

Hauptträger	Große Öffnung			Kleine Öffnung			Hierbei waren zu berücksichtigen von insgesamt — 39 Gurtstäbe			40 Streben		
	St 37	St 52	St 90	St 37	St 52	St 90	St 37	St 52	St 90	St 37	St 52	St 90
α_Δ	1,105	1,103	1,105	1,097	1,096	1,107	20	20	20	20	20	19
α_ω	1,059	1,114	1,199	1,053	1,134	1,233	16	16	15	20	20	22
α_γ	1,006	1,015	1,234	1,024	1,102	1,312	9	12	24	5	3	18
α_σ	1,060	1,090	1,490	1,114	1,120	1,176		alle			alle	
α_ζ	1,272	1,272	1,272	1,343	1,357	1,360		alle			alle	
α	1,590	1,730	3,110	1,780	2,080	2,870						

Fahrbahn	St 37	St 52	St 90	Verbände	St 37	St 52	St 90
$\alpha_\varkappa$ für Längsträger	1,000	1,180	1,180	α_ω für Schlingerverb. . . .	1,350	∼1,500	2,160
α_ζ „ „	1,420	1,429	1,490	α_ζ „ „ . .	1,808	∼1,850	1,882
α_γ für Querträger	1,000	∼1,040	∼1,070	α_ω für Wind- u. Bremsverb.	2,720	3,500	4,920
α_ζ „ „	1,360	1,372	1,435	α_ζ „ „ „ „	1,106	1,110	1,131

Beispiel 13.

Zweigleisige Eisenbahnbrücke für Lastenzug E, Stützweite 28,8 m, Trapezträger mit Trägerhöhe 3,6 m $= L/8$ und Feldweite 3,6 m $= L/8$. Ausfachung: Strebenfachwerk mit Hilfsständern, Fahrbahn unten, waagerechter Verband nur unten.

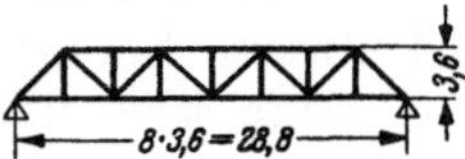

Zahlentafel 55. *Bemessung.*

Bauteil	Quer-schnitts-form	Größte Querschnitte		
		St 37	St 48	St 52
Hauptträger: Obergurt	⊐⊏	1 −630·12 4 ∟110·12 2 ∣450·12 2 ∣230·15	1 −580·10 4 ∟90·11 2 ∣400·12 2 ∣215·11	1 −570·10 4 ∟90·9 2 ∣380·10 2 ∣200·10
Untergurt	⊥ ⊥	2 ∣450·14 2 ∣340·12 4 ∟110·12 4 −240·10	2 ∣400·14 2 ∣310·11 4 ∟90·11 4 −200·10	2 ∣380·12 2 ∣290·9 4 ∟90·9 4 −200·10
Streben	[ ]	2 ⊏32 2 ∣220·12	2 ⊏30 2 ∣220·12	2 ⊏28 2 ∣220·10
Ständer	⊢⊣	1 −340·12 4 ∟80·12	wie St 37	1 −340·10 4 ∟80·10
Fahrbahn: Längsträger . . .	I	I 40	wie St 37	I 38
Querträger	⊥	6 −260·12 4 ∟100·12 1 ∣1200·12	4 −250·14 4 ∟100·12 1 ∣1200·12	4 −240·13 4 ∟100·10 1 ∣1200·10
Verbände: Schlingerverb. .	⊏ u. ∟	⊏18 u. ∟110·10	wie St 37	wie St 37
Wind- u. Bremsverb. . .	+ u. ⊥	75·10 bis 130·16	75·10 bis 120·13	wie St 48

Zahlentafel 56. *Bauziffer und Teilwerte.*

Haupt-träger	St 37	St 48	St 52	Hierbei waren zu berücksichtigen von insgesamt					
				7 Gurtstäben		8 Streben		7 Ständern	
				St 37	St 48+52	St 37	St 48+52	St 37	St 48+52
α_Δ	1,123	1,145	1,147	4	4	4	4	4	4
α_ω	1,031	1,041	1,045	3	3	4	4	0	0
α_γ	1,005	1,047*	1,049	0	4	2	4	0	4
α_σ	1,119	1,147	1,148	alle		alle		alle	
α_ζ	1,586	1,586	1,586	alle		alle		alle	
α	2,070	2,270*	2,280						

* Für St 46 sinkt α_γ auf 1,016 und α unter geringen Änderungen der übrigen Teilwerte auf 2,25.

Fahrbahn	St 37	St 48	St 52	Verbände	St 37	St 48	St 52
$\alpha_\varkappa$ für Längsträger	1,000	1,240	1,230	α_ω für Schlingerverb.	2,510	3,160	3,590
α_ζ ,, ,,	1,280	1,281	1,266	α_ζ ,, ,, . . .	1,692	1,692	1,692
α_γ für Querträger	1,000	1,070	1,075	α_ω für Wind- u. Bremsverb.	3,380	4,430	5,150
α_ζ ,, ,,	1,587	1,652	1,680	α_ζ ,, ,, ,, ,,	1,802	1,790	1,811

3. Folgerungen für den Einfluß von Bauart und Stahlart.

Die Beispiele sind absichtlich so gewählt, daß für Träger verschiedener Stützweite, Ausfachungsart und Belastung Folgerungen gezogen werden können, die allerdings nur als Beiträge mit begrenzter Gültigkeit, nicht als allgemeingültige Lösungen angesehen werden können, vor allem deshalb, weil nicht für jede Bauart und Stahlart die praktisch richtige Trägerhöhe wie beim Vollwandträger im 1. Teil ermittelt und zugrunde gelegt wurde. Immerhin ermöglicht ein Vergleich der einzelnen Teilwerte Schlüsse über den Einfluß der Stahlart auf das Gewicht und bis zu einem gewissen Grade auch über den Einfluß der Bauart, besonders der Ausfachungsart und der Trägerabmessungen.

Für die einzelnen Teilwerte der Hauptträgerbauziffern ergibt sich, wenn man die 6 Beispiele miteinander vergleicht:

1. α_Δ: Die Werte liegen zwischen 1,063 und 1,147, d. h. der Mehraufwand für Nietabzüge liegt zwischen 6 und 15%.

Für die Höhe dieses Zuschlages spielt die Größe des Nietdurchmessers und die dadurch bedingte Nietanordnung eine wichtige Rolle. Infolge der hierbei auftretenden sprunghaften Änderungen ist bei den Beispielen eine gesetzmäßige Abhängigkeit von der Schwere des Bauwerkes und der Bauart nicht festzustellen.

Bei einzelnen Beispielen ist ein geringes Anwachsen von α_Δ für hochfeste Stahlsorten zu erkennen, nämlich wenn die Nietgröße und -anordnung sich ungünstiger auswirkt als für St 37. In der Regel beeinflußt aber dieser Teilwert die Gewichtsersparnis durch hochfeste Stähle nicht.

2. α_ω: Die Werte liegen zwischen 1,029 und 1,233.

Dieser Teilwert wächst stark an bei abnormal großen Trägerhöhen, etwa wenn das Verhältnis $h:l$ bei eingleisigen Brücken größer als $\frac{1}{4}$ oder bei zweigleisigen Brücken größer als $\frac{1}{6}$ wird. Der Wert sinkt durch alle Maßnahmen, die die Knicklängen der Druckstäbe verkürzen, also z. B. Ausbildung des Hauptträgers mit Zwischenstäben, mit gekreuzten Streben oder mit engmaschigem Gitterfachwerk. Der Teilwert sinkt ferner bei kontinuierlichen Bauwerken, weil dann der Einfluß des ranggleichen Teilwertes α_γ stärker wird.

Entsprechend den höheren Knickzahlen ist α_ω um so höher, je größer σ_{zul} ist. Die Steigerung beträgt gegenüber St 37:

für St 48 . . . . . . 2 bis 4%
für St 52 . . . . . . 2 bis 9%
für St 90 . . . . . .   bis 17%

3. α_γ: Die Werte liegen zwischen 1,004 und 1,312.

Dieser Teilwert sinkt mit steigender Schwere des Bauwerkes, also mit wachsender Stützweite und Breite, weil dann der Verhältniswert $\min S/\max S$ größer wird, ferner mit wachsender Trägerhöhe, da dann infolge der größeren Knicklänge der Wandstäbe der Einfluß des ranggleichen Teilwertes α_ω stärker wird. Der Wert liegt hoch bei durchlaufenden Trägern.

Für hochfeste Stähle ist α_γ erheblich höher als für St 37, weil allgemein größere γ-Werte, vor allem aber im Gegensatz zu St 37 auch im Schwellbereich Werte $\gamma > 1,0$ anzuwenden sind. Die Steigerung beträgt gegenüber St 37:

für St 46 . . . . . . bis zu 15%
für St 48 . . . . . . bis zu 17%
für St 52 . . . . . . bis zu 17%
für St 90 . . . . . . bis zu 30%

4. α_σ: Die Werte liegen zwischen 1,060 und 1,490.

Die prozentuale Spannungsausnutzung wurde nur für die Stabkräfte aus Hauptkräften errechnet, wie das auch für die Ermittlung von α nach den BE vorgesehen ist. Biegungsbeanspruchungen wurden aus dem gleichen Grund nicht berücksichtigt. Durch Anordnung von Halbrahmen bei offenen Brücken, von Portalen, von Konstruktionen zur Aufnahme der Bremskräfte u. dgl. wächst der Wert von α_σ stark an. Ein solcher Einfluß durch Anordnung von Halbrahmen ist bei Beispiel 8 und 10 zu erkennen. α_σ ist dagegen niedriger bei Beispiel 11, weil ein oberer Horizontalverband angeordnet ist, und bei Beispiel 13, weil das seitliche Ausweichen der Obergurte nicht durch Halbrahmen, sondern nach Engeßer durch knicksichere Ausbildung der Gurte über 2 Felder verhindert wird. Auch die Hauptabmessungen des Bauwerkes beeinflussen α_σ dadurch, daß bei verhältnismäßig geringem Hauptträgerabstand der Einfluß der Zusatzkräfte wächst und dann vielfach für ganze Stabgruppen die Bemessung für Haupt- und Zusatzkräfte maßgebend wird. Die Ausfachungsart spielt durch den Einfluß der Blindstäbe eine Rolle. Grenzfälle in dieser Beziehung sind Beispiel 9, das viele, und Beispiel 12, das keine Blindstäbe aufweist. Von großer Bedeutung für die Höhe des Wertes ist die Einhaltung der zulässigen Durchbiegung, was sich besonders bei der großen Öffnung des Beispiels 12 für den Entwurf in St 90 erkennen läßt.

Sonst ist ein Anwachsen dieses Teilwertes für hochfeste Stähle kaum festzustellen, obwohl die Spannungsausnutzung bei größeren Querschnitten oft leichter als bei kleinen erreichbar ist. Bei der Bemessung der Vergleichsentwürfe wurde darauf gesehen, α_σ für alle Stahlsorten möglichst gleich zu halten, auch wenn der Ausführungsentwurf aus irgendwelchen Gründen einen besonders hohen Wert aufwies.

5. α_ζ: Die Werte liegen zwischen 1,245 und 1,586.

Die Höhe hängt in hohem Maße von der Profilwahl ab. Wird von der Möglichkeit Gebrauch gemacht, Formstahl zu verwenden, so sinkt der Teilwert α_ζ erheblich.

Zwischen den einzelnen Stahlsorten bestehen selten große Unterschiede. Die Unterschiede können positiv oder negativ sein, d. h. es wurden ebenso Erhöhungen wie Ermäßigungen des Zuschlagwertes α_ζ für hochfeste Stahlsorten gegenüber St 37 festgestellt. Von erheblicher Bedeutung ist die Dicke der Knotenbleche. Soweit nicht genauere Gewichtsermittlungen durchgeführt wurden, wurde α_ζ für alle Stahlsorten annähernd gleich hoch angenommen.

6. Gesamtwert α: Die Werte liegen zwischen 1,59 und 3,11.

α sinkt mit wachsender Belastung, ist also für zweigleisige Bauwerke niedriger als für eingleisige, für Brücken des Lastenzuges N niedriger als für solche des Lastenzuges E. Selbst die verhältnismäßig geringe zusätzliche Belastung durch einen öffentlichen Fußweg drückt, wie Beispiel 11 zeigt, die Bauziffer um 5 bis 8% herab.

Die Bauziffer sinkt mit wachsender Stützweite, liegt dagegen, wie ein Vergleich der verschiedenen Beispiele miteinander zeigt, bei großen Trägerhöhen höher, vor allem infolge des Einflusses von α_ζ. Bis zu einer gewissen Grenze muß nämlich α_ζ mit wachsender Trägerhöhe steigen, und zwar so lange, wie die Verminderung der Gurtquerschnitte wegen der größeren Trägerhöhe die Vergrößerung der Wandstabquerschnitte infolge der größeren Netz- und Knicklänge überwiegt und dadurch das theoretische Gewicht G_{th} abnimmt. Von zwei Entwürfen gleicher Stützweite und Belastung kann also der eine trotz höheren Gewichtes G_w eine kleinere Bauziffer als der andere haben, weil die Trägerhöhe geringer ist. In dieser Hinsicht wird also die Bedeutung der Bauziffer als Maßstab für sparsame Konstruktion erheblich eingeschränkt.

Der Wert α wächst mit höherem σ_{zul}. Gegenüber St 37 beträgt die Steigerung

für St 46 . . . . 7 bis 14%
für St 48 . . . . 8 bis 18%
für St 52 . . . . 9 bis 26%
für St 90 . . . . bis 96%

C. Wahl der Trägerhöhe.

Fachwerkhauptträger werden bekanntlich meistens mit kleinerer Trägerhöhe ausgeführt, als es der größten Wirtschaftlichkeit entspricht. Hierfür sind vor allem Gründe des schönen Aussehens maßgebend, aber auch praktische Erwägungen, wie z. B. Rücksichtnahme auf leichtere Montage.

Schaper gibt als günstigste Höhe für einfache Fachwerkbalken $0{,}15\,l$ an[61] empfiehlt aber für die Praxis den Wert $0{,}125\,l$ bis $0{,}143\,l$[62].

---

[61] Schaper: Eigengewichte von Balkenträgern und Bogenträgern mit Zugband. Zbl. Bauverw. 1912, S. 147.
[62] Schaper: Feste stählerne Brücken. 6. Aufl. S. 70.

Angst[50] (s. S. 48) nennt als günstigste Werte für h unabhängig von der Stützweite für die Felderzahl 4 bis 16: 0,182 l bis 0,103 l.

Fuchs[4] (s. S. 2) gibt an, daß die theoretischen Minima des Gewichtes von Fachwerkbalken zwischen $h = 0,33\,l$ und $h = 0,2\,l$ liegen.

Voigt weist ebenfalls nach, daß die in der Praxis üblichen Trägerhöhen erheblich kleiner sind, als die Wirtschaftlichkeit es verlangt.

Der Weg, der im 1. Teil für den Vollwandträger eingeschlagen wurde und der zur Festlegung zweckmäßiger Werte für die Stegblechhöhe in Abhängigkeit von der Stützweite führte, ist beim Fachwerkträger nicht gangbar.

Die theoretische Ermittlung des wirtschaftlich günstigsten Wertes h_i für die Höhe des Fachwerkträgers ist schwierig, in vielen Fällen praktisch unmöglich, worauf schon Beyer[63] und Angst[53] (s. S. 48) hinwiesen.

Auch die Mindestträgerhöhe, die für gerade ausreichende Steifigkeit und gerade ausgenutzte Beanspruchung gilt, kann nicht durch einfache Formeln ermittelt werden.

Es bleibt daher nur übrig, Vergleichsrechnungen für die verschiedenen Systeme anzustellen, wie sie Voigt für das Strebenfachwerk durchführte. Selbst derartige Vergleichsrechnungen weisen noch Fehlerquellen auf durch die Einführung geschätzter Bauzifferwerte.

Die Werte von h/l, für die sich nach Voigt das geringste Gewicht bei Einhaltung der zulässigen Durchbiegung ergibt, sind in der Zahlentafel 57 zusammengestellt. Die Felderzahl beträgt 10 bei den mit * bezeichneten Werten, sonst 12.

Zahlentafel 57. *Günstigste Werte für h/l bei Trägern mit Strebenfachwerk (zweigleisige Bahnbrücken Lastenzug N) nach Voigt.*

Stützweite m	80	100	120	140	150
St 37	0,217*	0,216*	0,214*	0,199*	0,195
St 48	0,198	0,197	0,196	0,194	0,181
St 52	0,212*	0,211*	0,194	0,193	0,180

Man sieht, daß der Unterschied der erforderlichen Trägerhöhe für die verschiedenen Stahlsorten gering ist, jedenfalls bedeutend geringer als beim Vollwandträger, bei dem dieser Einfluß auch klarer erkennbar ist. Grundsätzlich erfordert aber jede Trägerart mit Rücksicht auf den geringsten Materialverbrauch eine Trägerhöhe, die mit wachsendem σ_{zul} geringer wird, mit Rücksicht auf die erforderliche Steifigkeit dagegen eine Trägerhöhe, die mit wachsendem σ_{zul} größer wird.

Namentlich bei kleinen Stützweiten kann die erforderliche Trägerhöhe für hochfesten Stahl geringer sein als für St 37. Auch Hawranek empfiehlt, wegen des höheren Anteils der Streben am Gesamtgewicht bei hochfesten Stählen niedrigere Trägerhöhen als bei St 37 zu wählen.

Wenn aber Rücksicht auf die Durchbiegung genommen werden muß, was bei mittleren und großen Stützweiten die Regel ist, und zwar um so mehr, je höher σ_{zul} ist, dann ist die erforderliche Trägerhöhe für hochfeste Stähle größer als für St 37. Dabei ist aber noch von Einfluß, daß für St 52 der Durchbiegungswert $\frac{1}{700}\,l$ statt $\frac{1}{900}\,l$ bei St 37 und St 48 zugelassen ist.

Für die Vergleichsentwürfe hätte nun für jede Stahlart die nach Wirtschaftlichkeit oder Steifigkeit erforderliche Trägerhöhe zunächst mit geschätzten Bauzifferwerten ermittelt werden müssen.

Die praktisch richtigen Trägerhöhen h_w würden in vielen Fällen von diesen „günstigsten" Trägerhöhen abweichen. Für das gleiche Bauwerk würden dagegen die Werte h_w für die verschiedenen Stahlsorten sich oft nur geringfügig voneinander unterscheiden. Die Untersuchungen von Voigt für das Strebenfachwerk und von Fuchs für den Langerschen Balken beweisen aber, daß geringe Änderungen der Trägerhöhe das Gewicht wenig beeinflussen. Für die Gewichtseinsparung, auf die es hier ankommt, sind derart geringe Änderungen der Trägerhöhe innerhalb gewisser Grenzen sogar fast bedeutungslos. Die Bestimmung der richtigen Höhen für die verschiedenen Entwürfe und die Durcharbeitung der Entwürfe selbst mit verschiedenen Höhen würde daher eine bedeutende Mehrarbeit erfordern, die in keinem Verhältnis zu dem Ergebnis stände.

Aus diesen Gründen wurden für die wenigen Vergleichsentwürfe der Fachwerkträger in allen Stahlsorten die Trägerhöhen der Ausführungsentwürfe beibehalten.

---

[63] Beyer: Eigengewicht, günstige Grundmaße und geschichtliche Entwicklung des Auslegerträgers. Diss. Dresden 1908.

D. Die Gewichtsersparnis durch hochfesten Stahl.

Die Vergleichsentwürfe werden benutzt, um zuverlässige Ersparniszahlen für den besonderen Fall der 6 Beispiele zu erhalten. Die theoretischen Gewichte ergeben sich aus den Bemessungen der verglichenen Entwürfe, die wirklichen Gewichte stehen für die Ausführungsentwürfe fest und können im Einklang hiermit auch mit großer Genauigkeit für die Vergleichsentwürfe in anderen Stahlsorten ermittelt werden. Die Vergleichsgewichte wurden getrennt ermittelt für Hauptträger, Fahrbahn und Verbände. Zur Fahrbahn rechnen Längs- und Querträger, wenn vorhanden auch Zwischenlängsträger, also der Fahrbahnträgerrost ohne Schlingerverbände. Diese wurden zusammen mit den Wind-, Brems- und Querverbänden erfaßt. Alle übrigen Konstruktionsteile können aus dem Gewichtsvergleich ausscheiden, weil sie fast stets in St 37 ausgeführt werden. Hierzu gehören z. B. Blechabdeckungen der Fahrbahn bei durchgeführter Bettung, Fußwegkonstruktionen, Geländer, Besichtigungsstege, Besichtigungswagen mit den zugehörigen Fahrbahnen, Blechabdeckungen zwischen den Schienen und Zentrierleisten für die Schwellenlagerung. Bei großen Bauwerken kann wegen der Verminderung des Eigengewichtes durch Verwendung hochfester Stähle auch eine Kleinerhaltung der Stahlgußauflager möglich werden. Die Durchrechnung für das Beispiel 12 ergab aber eine verhältnismäßig geringe Ersparnis. Bei einem größten Auflagerdruck von 4065 t, 3600 t und 3340 t für die Ausführung in den drei Stahlsorten St 37, St 52 und St 90 beträgt das Gesamtgewicht aller Stahlgußlager 103 t, 98,5 t und 97 t. Die Gewichtsersparnis beträgt also 4 bis 7 %, gerechnet auf das Gewicht der Stahlgußlager, und Bruchteile von Prozenten, gerechnet auf das Gesamtgewicht. Für die Untersuchungen können also auch die Stahlgußlager aus dem Vergleich ausscheiden.

Es ist erwünscht, die Ergebnisse aus den Beispielen mit Werten, die von anderer Seite veröffentlicht wurden, zu vergleichen. Das ist aber nicht ohne weiteres möglich, weil fast alle Angaben, die hierzu herangezogen werden können, aus Bauausführungen stammen, die zeitlich vor der 1934 erfolgten Einführung des γ-Verfahrens zur Berücksichtigung der Dauerbeanspruchung liegen. Um den gewünschten Vergleich zu ermöglichen, wurden daher für die Beispiele 8—13 die Gewichte auch für den Fall ermittelt, daß Wechselstäbe und Längsträger mit den Beiwerten berechnet werden, die vor 1934 gültig waren und die mit den noch heute für St 37 geltenden Werten übereinstimmen[64].

Die Errechnung der Gewichte für die beiden Fälle hat einen weiteren Vorteil. Eine der dringlichsten Forderungen, die der Stahlbrückenbauer an den Stahlerzeuger zu stellen hat, ist die nach einer Verbesserung der Dauerfestigkeit für hochfeste Stähle. Führende Fachleute der Stahlherstellung halten entsprechende Fortschritte, um die man sich stark bemüht, für möglich. Die Einführung des St 46 wurde z. B. wegen seiner verhältnismäßig günstigen Dauerfestigkeit gefordert[65]. Es ist daher zweifellos von Interesse, den Materialaufwand besonders zu erfassen, der durch die ungenügenden Dauerfestigkeitseigenschaften der hochfesten Stähle bedingt ist.

1. Angaben nach Vergleichsentwürfen.

Zahlentafel 58 stellt die Gewichte der Vergleichsentwürfe G_w in den verschiedenen Stahlsorten zusammen, und zwar bei St 46, St 48 und St 52 mit Ausnahme des Beispiels 12 für die beiden Fälle, daß die für St 37 geltenden Beiwerte γ_{37} und $\varkappa_{37}$ und die für den betreffenden Stahl in der Einführung festgelegten Beiwerte γ und $\varkappa$ eingesetzt werden.

---

[64] Bei einem Teil der von anderer Seite veröffentlichten Angaben über die Gewichtsverminderung durch St 52 wurden vermutlich Wechselstäbe und Wechselträger mit dem Faktor 0,5 statt 0,3, wie er noch heute für St 37 angewendet wird, berechnet. Diese Erhöhung war mit Erlaß der Reichsbahn vom 6. 6. 1929 vorgeschrieben und bis zur Einführung des γ-Verfahrens in Kraft; sie hat selbstverständlich Einfluß auf die Gewichte. Dieser Einfluß ist aber gering gegenüber dem des heute gültigen Berechnungsverfahrens, bei dem für die hochfesten Stähle auch für den Schwellbereich Beiwerte $\gamma > 1,0$ anzuwenden sind und die Beiwerte für den Wechselbereich erheblich höher liegen als für St 37. Der genannte Einfluß konnte daher vernachlässigt werden.

[65] Vgl. Hauttmann: Mit Silizium und Aluminium beruhigter härterer Thomas-Baustahl. Mitt. Forsch.-Anst. GHH-Konz. 1941, Heft 1.

Zahlentafel 58. *Gewichte der Vergleichsentwürfe G_w für die Beispiele 8—13.*
Alle Zahlen in kg.

Beispiel	8	9	10	11	12 a	12 b	13
St 37 mit γ_{37} und $\varkappa_{37}$							
Hauptträger . .	210 500	213 000	56 900	143 000	2 736 000	1 272 000	63 800
Fahrbahn . . .	72 950	45 000	30 350	83 000	569 000	377 000	48 600
Verbände . . .	22 780	30 585	7 968	30 518	172 000	94 000	12 126
Zusammen	306 230	288 585	95 218	256 518	3 477 000	1 743 000	124 526
St 48 und St 46 mit γ_{37} und $\varkappa_{37}$							
Hauptträger . .	174 200	173 880	46 000	115 022	—	—	52 022
Fahrbahn . . .	60 827	42 800	24 800	69 372	—	—	42 126
Verbände . . .	22 393	28 336	7 968	29 403	—	—	11 706
Zusammen	257 420	245 016	78 768	213 797	—	—	105 854
St 46 mit γ_{46} und $\varkappa_{52}$							
Hauptträger . .	181 900	173 880	46 000	115 800	—	—	52 597
Fahrbahn . . .	66 300	43 500	29 028	76 990	—	—	45 649
Verbände . . .	22 393	28 336	7 968	29 403	—	—	11 706
Zusammen	270 593	245 716	82 996	222 193	—	—	109 952
St 48 mit γ_{52} und $\varkappa_{52}$							
Hauptträger . .	188 600	173 880	47 500	118 600	—	—	53 000
Fahrbahn . . .	66 300	45 300	29 300	79 500	—	—	47 000
Verbände . . .	22 393	28 336	7 968	29 403	—	—	11 706
Zusammen	277 293	247 516	84 768	227 503	—	—	111 706
St 52 mit $\varkappa_{37}$ und γ_{37}							
Hauptträger . .	163 339	156 000	40 900	101 600	—	—	44 700
Fahrbahn . . .	57 191	39 500	23 200	64 000	—	—	36 950
Verbände . . .	22 309	27 385	7 932	28 718	—	—	11 506
Zusammen	242 839	222 885	72 032	194 318	—	—	93 156
St 52 mit γ_{52} und $\varkappa_{52}$							
Hauptträger . .	174 000	156 600	41 700	105 200	1 768 000	882 000	45 700
Fahrbahn . . .	58 627	41 700	27 550	74 500	448 000	298 000	41 350
Verbände . . .	22 346	27 385	7 932	28 718	150 000	84 000	11 506
Zusammen	254 973	225 685	77 182	208 418	2 366 000	1 264 000	98 556
St 90 mit γ_{90} und $\varkappa_{52}$							
Hauptträger . .	—	—	—	—	1 416 000	565 000	—
Fahrbahn . . .	—	—	—	—	315 000	209 000	—
Verbände . . .	—	—	—	—	119 000	73 000	—
Zusammen	—	—	—	—	1 850 000	847 000	—

Die weitere Zahlentafel 59 gibt die Auswertung der in Zahlentafel 58 zusammengestellten Angaben. Die hier eingetragenen Hundertsätze der wirklichen Ersparnis E_w sind ermittelt nach der Gleichung

$$E_w = 100 - 100 \frac{G_{w_2}}{G_{w_1}} \text{ in \%}. \tag{64}$$

Hierin ist G_{w_1} das wirkliche Gewicht des Ausgangsbaustahls, auf den die Ersparnis bezogen ist, und G_{w_2} das des damit verglichenen Baustahls. Als Ausgangsbaustahl diente überall St 37, außerdem wurde bei Beispiel 12 die Ersparnis für St 90 bezogen auf St 52 angegeben.

Die Werte wurden wieder getrennt für Hauptträger, Fahrbahn und Verbände errechnet und gesondert für Anwendung der Beiwerte γ und $\varkappa$, wie sie einerseits für St 37 und andererseits für den betrachteten Baustahl maßgebend sind.

Zahlentafel 59 zeigt die Auswirkung der Vorschriften, die wegen der ungünstigen Dauerbeanspruchungswerte der hochfesten Stähle erlassen werden mußten, auf die Ersparniswerte bei Fahrbahnträgern besonders deutlich. Schaechterle[66] hat schon 1931 empfohlen, Fahrbahnen und auch Hauptträger geringer Stützweite nur in St 37 auszuführen. Auch Klöppel[67] vertritt auf Grund der Dauerfestigkeitsversuche die Anschauung, daß man von der Verwendung hochfester Stähle für Fahrbahnteile absehen solle.

Entsprechende Folgerungen werden für die Praxis von selbst gezogen werden, wenn die Gewichtseinsparung durch hochfesten Stahl so absinkt, wie das Zahlentafel 59 für Fahrbahnträger geringerer Stützweite zeigt.

Zahlentafel 59. *Ersparnishundertsätze der Vergleichsentwürfe für die Beispiele 8—13.*
Alle Zahlen in %.

	Beispiel	8	9	10	11 a	11 b	12 a	12 b	13
					St 48 und St 46 mit γ_{37} und $\varkappa_{37}$				
	Hauptträger . .	17,2	18,4	19,2	19,6	19,7	—	—	18,5
	Fahrbahn . . .	16,4	4,9	18,3	16,4	—	—	—	13,3
	Verbände . . .	1,7	7,4	0	3,7	—	—	—	3,5
	Durchschnitt	15,9	15,1	17,3	16,7	—	—	—	15,0
					St 46 mit γ_{46} und $\varkappa_{52}$				
Bezogen auf St 37	Hauptträger . .	13,6	18,4	19,2	19,0	19,1	—	—	17,6
	Fahrbahn . . .	9,1	3,3	4,4	7,2	—	—	—	6,1
	Verbände . . .	1,7	7,4	0	3,7	—	—	—	3,5
	Durchschnitt	11,6	14,9	12,8	13,4	—	—	—	13,9
					St 48 mit γ_{52} und $\varkappa_{52}$		**Geschätzte Zahlen**		
	Hauptträger . .	10,4	18,4	16,5	17,1	18,3	24	21	16,9
	Fahrbahn . . .	9,1	0,7	3,5	4,2	—	10	10	3,3
	Verbände . . .	1,7	7,4	0	3,7	—	8	6	3,5
	Durchschnitt	9,4	14,2	11,0	11,3	—	21	18	10,3
					St 52 mit γ_{37} und $\varkappa_{37}$				
	Hauptträger . .	22,4	26,8	28,1	29,0	29,0	—	—	29,9
	Fahrbahn . . .	21,6	12,2	23,6	22,9	—	—	—	24,0
	Verbände . . .	2,1	10,5	0,5	5,9	—	—	—	5,1
Bezogen auf St 37	Durchschnitt	20,7	22,8	24,4	24,2	—	—	—	25,2
					St 52 mit γ_{52} und $\varkappa_{52}$				
	Hauptträger . .	17,3	26,5	26,7	26,4	28,1	35,4	30,7	28,4
	Fahrbahn . . .	19,6	7,3	9,2	10,2	—	21,3	21,2	14,9
	Verbände . . .	1,9	10,5	0,5	5,6	—	12,8	10,6	5,1
	Durchschnitt	16,7	21,8	18,9	18,8	—	32,0	27,5	20,9
					St 90 mit γ_{90} und $\varkappa_{52}$				
Bezogen auf St 37	Hauptträger . .	—	—	—	—	—	48,2	55,6	—
	Fahrbahn . . .	—	—	—	—	—	44,6	44,6	—
	Verbände . . .	—	—	—	—	—	30,8	22,3	—
	Durchschnitt	—	—	—	—	—	46,8	51,4	—
					St 90 mit γ_{90} und $\varkappa_{52}$				
Bezogen auf St 52	Hauptträger . .	—	—	—	—	—	19,9	35,9	—
	Fahrbahn . . .	—	—	—	—	—	29,7	29,6	—
	Verbände . . .	—	—	—	—	—	20,7	13,1	—
	Durchschnitt	—	—	—	—	—	21,8	32,9	—

Es sollen nun die für die Vergleichsentwürfe der Beispiele ermittelten Bauzifferteilwerte benutzt werden, um zu zeigen, wie der Unterschied zwischen Grundersparnis und wirklicher

---

[66] Schaechterle: Zur Wahl der zulässigen Beanspruchungen bei Stahlbrücken. Stahlbau 1931, Heft 8.
[67] Klöppel: Versuchsforschung im Stahlbrückenbau. Technik u. Betrieb, Blätt. d. Frankfurt. Ztg. 1940, Heft 9.

Ersparnis bei den Hauptträgern zustande kommt und sich auf die einzelnen Einflüsse aufteilt. Dazu werden zunächst in Zahlentafel 60 für die einzelnen Vergleichsentwürfe die Werte $\sum \frac{S \cdot s}{10000}$, aus deren Gegenüberstellung sich der Einfluß des Eigengewichts auf die **Ersparniserhöhung** errechnet, ferner die Grundgewichte $G_{gr} = \sum \frac{S \cdot s \cdot 7{,}85}{\sigma_{zul} \cdot 10000}$ und schließlich die Werte der Gesamtbauziffer $\alpha = G_w/G_{gr}$ eingetragen, letztere wieder gesondert für die Gewichte G_w, die sich für Anwendung des Beiwertes γ für St 37 und für den betreffenden Baustahl ergeben.

Zahlentafel 60. *Werte* $\sum \dfrac{S \cdot s}{10000}$ *, Grundgewichte und Bauzifferwerte für die Hauptträger der Vergleichsentwürfe für die Beispiele 8—13.*

Beispiel		8	9	10	11		12		13
					a	b	a	b	
$\sum \dfrac{S \cdot s}{10000}$ in mkg Stabkraft S in kg, Netzlänge s in m	St 37 St 48/46 St 52 St 90	9865 9757 9728 —	9223 8905 8781 —	2681 2654 2626 —	7029 6873 6785 —	8100 7943 7852 —	153 400 — 136 900 126 900	63 600 — 56 800 55 100	2758 2709 2677 —
$G_{gr} = \sum \dfrac{S \cdot s \cdot 7{,}85}{\sigma_{zul} \cdot 10000}$ in t	St 37 St 48/46 St 52 St 90	55,314 42,084 36,964 —	51,715 38,409 32,824 —	15,033 11,447 9,816 —	39,413 29,645 25,363 —	45,418 34,260 29,352 —	860,1 — 511,7 227,4	356,6 — 212,3 98,8	15,464 11,684 10,007 —
$\alpha = \dfrac{G_w}{G_{gr}}$	St 37 mit γ_{37} St 48/46 mit γ_{37} St 46 mit γ_{46} St 48 mit γ_{52} St 52 mit γ_{37} St 52 mit γ_{52} St 90 mit γ_{90}	1,90 2,07 2,16 2,24 2,21 2,35 —	2,06 2,26 2,26 2,26 2,38 2,39 —	1,89 2,01 2,01 2,07 2,08 2,12 —	1,81 1,94 1,95 2,00 2,00 2,07 —	1,72 1,83 1,85 1,87 1,89 1,91 —	1,59 — — — — 1,73 3,11	1,78 — — — — 2,08 2,86	2,06 2,23 2,25 2,27 2,23 2,28 —

Die Werte der Zahlentafel 60 können nun benutzt werden, um die Aufteilung des Unterschiedes zwischen E_{gr} und E_w zu ermitteln, wobei die Angaben über die Bauzifferteilwerte der Zahlentafeln 46, 48, 50, 52, 54 und 56 verwertet werden. Als „Grundersparnis E_{gr}" wird die Ersparnis in Prozent bezeichnet, die sich aus der Gegenüberstellung der zulässigen Beanspruchungen der verglichenen Stahlsorten ergibt. Mit der Indexbezeichnung von Gl. (64) ist

$$E_{gr} = 100 - 100 \cdot \frac{\sigma_{zul\,1}}{\sigma_{zul\,2}} \text{ in \%.} \tag{79}$$

Mit Einsetzung der Werte für σ_{zul} ergibt sich zahlenmäßig

$$\text{bezogen auf St 37: } E_{gr\,48\text{ und }46} = 23{,}1\%$$
$$E_{gr\,52} = 33{,}3\%$$
$$E_{gr\,90} = 68{,}0\%$$
$$\text{bezogen auf St 52: } E_{gr\,90} = 52{,}1\%$$

Durch Berücksichtigung des Verhältniswertes $\dfrac{\Sigma S_2 \cdot s}{\Sigma S_1 \cdot s}$, der den Einfluß des für hochfeste Stähle sinkenden Eigengewichts ausdrückt, ergibt sich aus der Grundersparnis die „theoretische Ersparnis E_{th}", bei der Gleichheit der Bauziffern vorausgesetzt ist

$$E_{th} = 100 - 100 \frac{\sigma_{zul\,1}}{\sigma_{zul\,2}} \frac{\Sigma S_2 \cdot s}{\Sigma S_1 \cdot s} \text{ in \%.} \tag{80}$$

Unter Einsetzung des Bauziffernverhältnisses α_2/α_1 folgt hieraus schließlich die „wirkliche Ersparnis E_w"

$$E_w = 100 - 100 \frac{\sigma_{zul\,1}}{\sigma_{zul\,2}} \frac{\Sigma S_2 \cdot s \cdot \alpha_2}{\Sigma S_1 \cdot s \cdot \alpha_1} \text{ in \%.} \tag{81}$$

Wenn die Werte $\sum \dfrac{S \cdot s}{10000}$ zur Berücksichtigung des Eigengewichtseinflusses und für die α-Werte nacheinander die einzelnen Teilwerte der Bauziffer eingesetzt werden, ergibt sich das stufenweise Ansteigen und Absinken der Ersparnis von E_{gr} bis auf E_w, wie es aus der Zahlentafel 61 ersichtlich ist, die in drei Teile zerfällt:

Werte für St 48 bezogen auf St 37,
Werte für St 52 bezogen auf St 37,
Werte für St 90 bezogen auf St 37 und St 52.

Zahlentafel 61.

Unterschied zwischen Grundersparnis und wirklicher Ersparnis bei den Hauptträgern, aufgeteilt auf die einzelnen Einflüsse.

St 48 bezogen auf St 37 in %.

Beispiel	8	9	10	11		12		13
				a	b	a	b	
Grundersparnis E_{gr}	23,1	23,1	23,1	23,1	23,1	23,1	23,1	23,1
Mehrung infolge Eigengewicht	+0,8	+2,6	+0,8	+1,7	+1,5	+4,9	+4,9	+1,3
Minderung infolge ΔF	−0,3	−1,0	−0,3	−0,8	−0,7	0	0	−1,2
„ „ ω	0	−2,2	−3,1	−2,0	−1,8	−3,1	−5,0	−0,8
„ „ γ	−13,1	−0,4	−3,0	−3,0	−1,6	−2,8	−5,0	−3,3
Änderung „ $\sigma <$ zul	0	−3,6	−0,8	−1,0	−1,0	−0,9	+0,7	−2,2
Minderung „ ζ	−0,1	−0,1	−0,2	−0,9	−1,2	0	−0,3	0
Wirkliche Ersparnis E_w	10,4	18,4	16,5	17,1	18,3	21,2	18,4	16,9

St 52 bezogen auf St 37 in %.

Beispiel	8	9	10	11		12		13
				a	b	a	b	
Grundersparnis E_{gr}	33,3	33,3	33,3	33,3	33,3	33,3	33,3	33,3
Mehrung infolge Eigengewicht	+1,0	+3,2	+1,4	+2,3	+2,1	+7,2	+7,2	+2,0
Minderung infolge ΔF	−0,3	−1,2	−0,6	−0,8	−0,3	+0,1	0	−1,4
„ „ ω	−0,1	−3,8	−6,0	−3,6	−4,1	−3,3	−4,7	−1,0
„ „ γ	−12,3	−0,3	−2,9	−2,8	−1,2	−0,3	−4,8	−3,3
Änderung „ $\sigma <$ zul	−2,7	−4,6	+1,9	−0,3	−0,1	−1,6	+0,2	−1,2
Minderung „ ζ	−1,6	−0,1	−0,4	−1,7	−1,6	0	−0,5	0
Wirkliche Ersparnis E_w	17,3	26,5	26,7	26,4	28,1	35,4	30,7	28,4

St 90 bezogen auf St 37 und St 52 in %.

Beispiel 12 a und b	Bezogen auf St 37		Bezogen auf St 52	
	a	b	a	b
Grundersparnis E_{gr}	68,0	68,0	52,1	52,1
Mehrung infolge Eigengewicht	+5,6	+4,3	+3,5	+1,4
Minderung infolge ΔF	0	−0,3	−0,1	−0,7
„ „ ω	−3,5	−4,9	−3,5	−4,0
„ „ γ	−6,9	−9,2	−10,4	−9,8
„ „ $\sigma <$ zul	−15,0	−1,9	−21,7	−3,1
„ „ ζ	0	−0,4	0	0
Wirkliche Ersparnis E_w	48,2	55,6	19,9	35,9

Es mag bei Zahlentafel 61 auffallen, daß die Teilbeträge für Minderung infolge γ in einzelnen Fällen von dem Wert abweichen, der sich ergibt, wenn man die wirklichen Gewichte gemäß Zahlentafel 58 einander gegenüberstellt, bei Einsetzung des Beiwertes γ einerseits für St 37, andererseits für den betreffenden hochfesten Stahl. Diese Abweichung ist dadurch erklärt, daß die Anwendung der gleichen γ-Zahlentafel z. B. für St 37 auf Entwürfe verschiedener Stahlsorten nicht zu einem Verschwinden des Einflusses von α_γ führt, weil die Höhe des Beiwertes γ von dem Verhältnis $\dfrac{\min S}{\max S}$ und damit von der Höhe des Eigengewichtes abhängt. Für alle weiter gezogenen Folgerungen ist im übrigen nur der Endwert der Gesamtersparnis zugrunde gelegt, und dieser bleibt in jedem Fall gleich hoch, weil bei einer Verringerung des Einflusses von α_γ sich der ranggleiche Einfluß von α_ω entsprechend erhöht, womit auch geringfügige Änderungen der Teilwerte α_Δ und α_σ Hand in Hand gehen.

2. Angaben von anderer Seite.

Der Vergleich der in Zahlentafel 59 zusammengestellten Ersparnishundertsätze mit den von anderer Seite für St 48 und St 52 angegebenen Werten gestaltet sich am übersichtlichsten durch graphische Auftragung in Abhängigkeit von der Stützweite. Hierfür wurden die Abb. 24 bis 27 angelegt; es gilt:

Abb. 24 für Hauptträger in St 46 und St 48,
Abb. 25 für ganze Bauwerke in St 46 und St 48,
Abb. 26 für Hauptträger in St 52,
Abb. 27 für ganze Bauwerke in St 52.

Die mit den Ziffern 1—6 in die Zahlentafeln eingetragenen Werte beziehen sich auf die Ergebnisse der Beispiele 8—13. Diese Werte wurden gesondert für die Anwendung der verschiedenen Beiwerte γ und $\varkappa$ mit entsprechender Kennzeichnung eingetragen, so daß der Vergleich aller Angaben, denen die gleiche Beiwerthöhe zugrunde liegt, erleichtert ist. Die Fähnchen an den einzelnen Punkten lassen erkennen, ob es sich um eine ein- oder zweigleisige Bahnbrücke oder eine Straßenbrücke handelt.

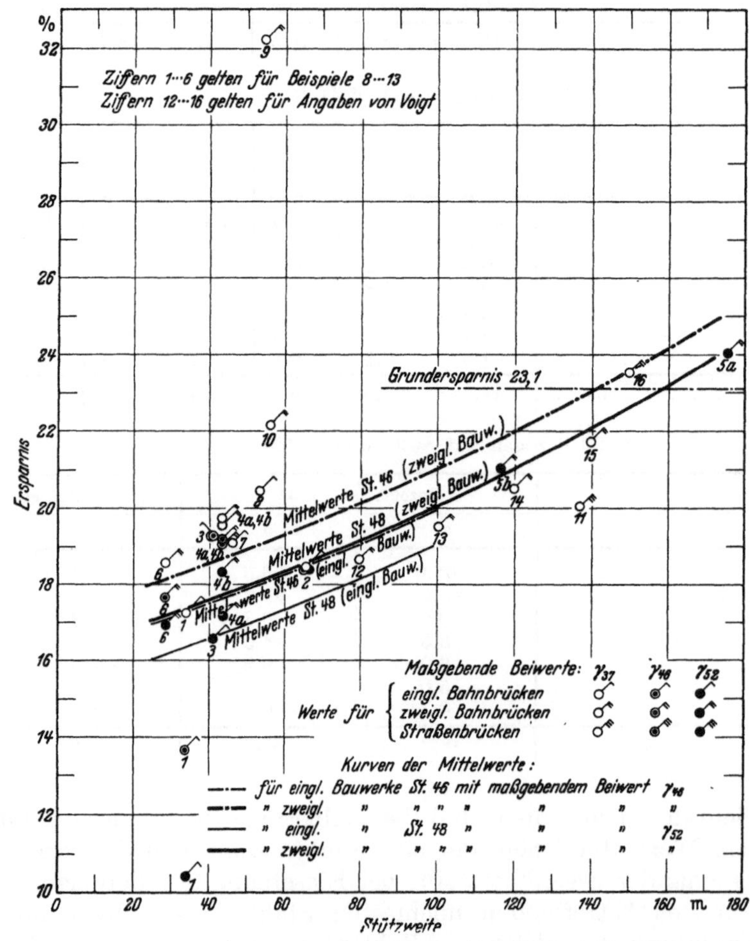

Abb. 24. Ersparniswerte bei Hauptträgern in St 46 und St 48, bezogen auf St 37 in %.

Die in der Literatur zu findenden Angaben für Hauptträger allein sind spärlich. Sie wurden daher durch die theoretisch errechneten Werte von Voigt[58] (s. S. 51) ergänzt.

Die Abb. 24—27 lassen erkennen, daß die von anderer Seite genannten Zahlen mit den für die Beispiele errechneten vergleichbaren Werten gut übereinstimmen. Die Lage der Werte zeigt aber im ganzen gesehen eine erhebliche Streuung. Die starke Abweichung einzelner

Angaben ist allerdings dadurch erklärt, daß Entwürfe in den verschiedenen Stahlsorten miteinander verglichen wurden, bei denen verschiedenartige Konstruktionsgrundsätze angewendet wurden. Ein typisches Beispiel hierfür bietet der mit Ziffer 9 in der Zahlentafel 24 eingetragene Wert, der mit 32,2% trotz teilweiser Verwendung von St 37 von Knittel[68] angegeben ist. In der Veröffentlichung wird aber schon darauf hingewiesen, daß dieser hohe Ersparniswert auf die gegenüber dem Entwurf in St 37 günstigere Gestaltung der Hauptträger (größere

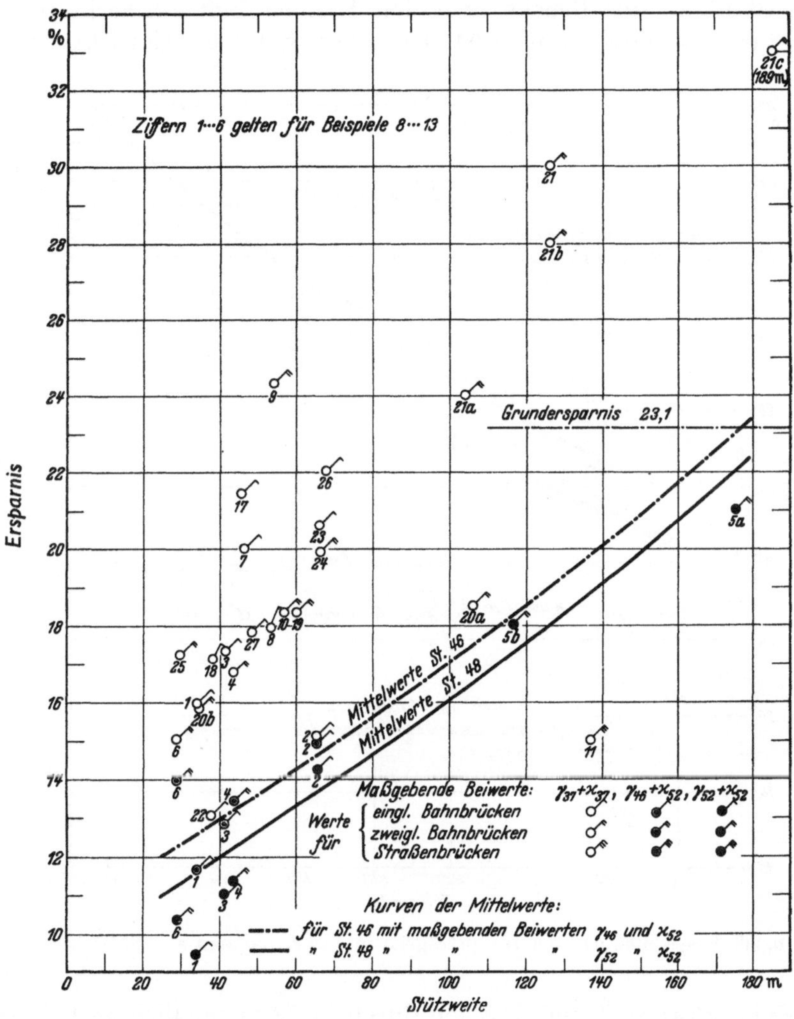

Abb. 25. Ersparniswerte bei ganzen Bauwerken in St 46 und St 48, bezogen auf St 37 in %.

Querträgerentfernung und geringerer Hauptträgerabstand) zurückzuführen ist. In ähnlicher Weise sind für die Rheinbrücke bei Duisburg-Hochfeld in einer Veröffentlichung von Dr.-Ing. Tils[69] auf Grund von Angaben der Firma Harkort Ersparniszahlen bis zu 39% für St 48 angegeben, wobei aber auch auf den entscheidenden Einfluß der grundsätzlichen Änderung der Konstruktion für den St 48-Entwurf hingewiesen wird. Derartig hohe Ersparnisprozentsätze haben im Anfang der Anwendung des St 48 vorübergehend zu unberechtigt günstigen Schlüssen geführt. Die Nachprüfung zeigt aber, daß in fast allen diesen Fällen die für den hochwertigen Baustahl gewählten günstigeren Hauptabmessungen auch für St 37 zugrunde gelegt werden können, so daß die wirklichen Ersparnisse entsprechend absinken. Der für die

---

[68] Knittel: Umbau der Überführung bei km 69,97 der badischen Hauptbahn zwischen Durlach und Karlsruhe. Bautechn. 1925, Heft 46.

[69] Dr.-Ing. Tils: Die neue Eisenbahnbrücke über den Rhein bei Duisburg-Hochfeld. Bautechn. 1926, Heft 11.

Rheinbrücke Duisburg-Hochfeld von Brunner[70] angegebene Ersparniswert von durch-
schnittlich 30% wurde übrigens schon gleich nach der Veröffentlichung von Ackermann[71]
angezweifelt. Die mit Ziffer 21, 21a, 21b und 21c in der Abb. 25 eingetragenen Werte für
dieses Bauwerk fallen tatsächlich erheblich aus dem Rahmen. Andererseits liegt der von
Ackermann für den Entwurf der Straßenbrücke Kirchweyhe angegebene und in Abb. 25
mit Ziffer 11 eingetragene Wert mit 15% weit unter dem Durchschnitt.

In diesem Zusammenhang sei auch auf den Widerspruch in den Angaben für die Ersparnis
durch hochfesten Stahl bei der Brücke über den Kleinen Belt aufmerksam gemacht. Nach
Engelund[72] war für Anwendung von St 54 gegenüber St 37 eine Gewichtsersparnis von 26%

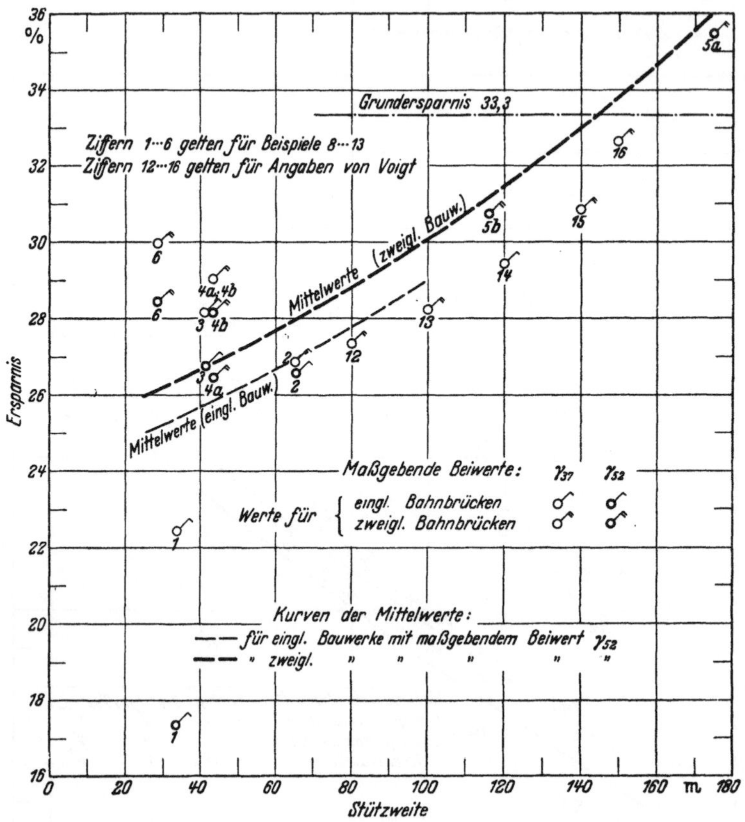

Abb. 26. Ersparniswerte bei Hauptträgern in St 52, bezogen auf St 37 in %.

errechnet. Nach Erlinghagen[73] sind dagegen durch St 52 tatsächlich 38,4% gespart worden;
die Ersparnis war nach dem von ihm veröffentlichten Schaubild in allen Öffnungen von
137,5 m, 165 m und 220 m Stützweite ungefähr gleich hoch.

Die meisten der übrigen verwerteten Angaben sind den Veröffentlichungen von Kommerell[74, 75] entnommen.

Die in Abb. 24 und 26 mit den Ziffern 12 bis 16 eingetragenen Angaben nach Voigt
stimmen gut mit den Werten überein, die sich für die zur Zeit gültigen γ-Beiwerte ergeben.
Dieser Umstand ist darauf zurückzuführen, daß Voigt[58] (s. S. 51) bei den Entwürfen in

[70] Brunner: Die neue zweigleisige Eisenbahnbrücke über den Rhein bei Duisburg-Hochfeld. Z. VDI Heft 30.
[71] Ackermann: Die Ersparnisse mit St 48 und Si-Stahl. Bautechn. 1926, Heft 47.
[72] Engelund: Die Straßen- und Eisenbahnbrücke über den Kleinen Belt in Dänemark. Bauingenieur 1933,
Heft 35/36.
[73] Erlinghagen: Konstrukteur und neuere Erkenntnisse der Werkstoffkunde. Bauingenieur 1932, Heft 21/22.
[74] Kommerell: Ein Jahr hochwertiger Baustahl St 48. Bauingenieur 1925, Heft 28/29.
[75] Kommerell: Erfahrungen mit hochwertigem Baustahl St 48 und Silizium-Brückenstahl. Bautechn. 1926,
Heft 47.

St 48 und St 52 einerseits zu niedrige Beiwerte für die Dauerbeanspruchung, andererseits reichlich hohe Werte für die Zuschläge einsetzt, was bereits in dem Abschnitt über die Bauziffer erwähnt wurde.

Bei Fuchs lassen sich Werte aus den Darstellungen im Anhang seiner Dissertation[4] (s. S. 2) entnehmen, wobei für Balkenbrücken der mittlere Kennzahlwert 1,8 in Frage kommt.

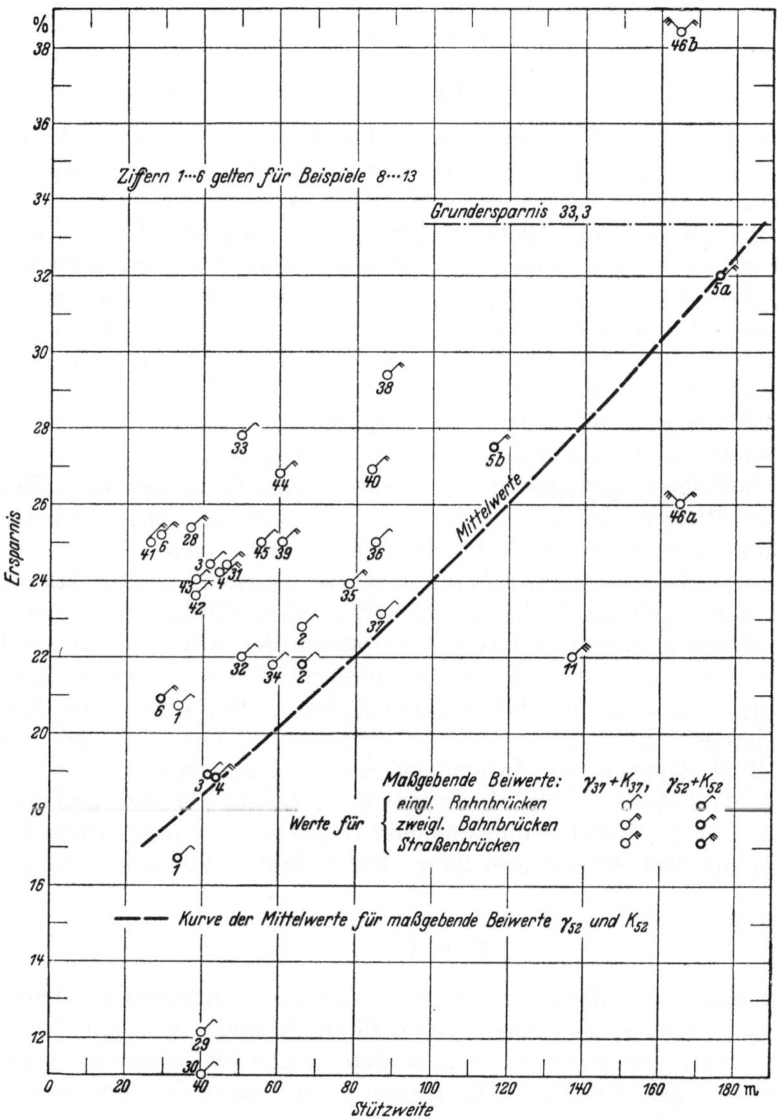

Abb. 27. Ersparniswerte bei ganzen Bauwerken in St 52, bezogen auf St 37 in %.

Die Werte zeigen für kleine Stützweiten Übereinstimmung mit den anderen Angaben, liegen aber für große Stützweiten erheblich zu hoch, weil der Einfluß des γ-Verfahrens noch nicht berücksichtigt wurde und für die Bauziffer daher zu niedrige Werte angesetzt wurden.

Zahlentafel 62. *Gewichtsersparnis gegenüber St 37 für Ausführung in St 48 und St 52 (ganze Bauwerke) nach Bohny.*

Stützweite in m	50	75	100	125	150	175	200
für St 48 in %	23,5	25,2	26,2	26,5	27,1	27,4	27,6
für St 52 in %	36,3	38,5	40,0	40,3	40,8	41,2	41,9

Auch die von Bohny[76] 1928 genannten Werte für die Gewichtsersparnis bei ganzen Bauwerken in St 48 und St 52 liegen, wie Zahlentafel 62 zeigt, erheblich zu hoch, was wohl ebenfalls darauf zurückzuführen ist, daß der Einfluß der ungünstigen Dauerfestigkeit der hochfesten Stähle damals noch keine Berücksichtigung fand.

Die Angaben von Fuchs und Bohny wurden daher in die Abb. 24—27 nicht aufgenommen.

3. Ergebnis.

Hauptträger.

Wenn man, wie Voigt, nur für ein bestimmtes Trägersystem Vergleichsrechnungen für verschiedene Stützweiten durchführt, so wird sich in der Regel eine Tendenz für die Höhe der Ersparnis erkennen lassen. Derartige Vergleichsrechnungen würden für zahlreiche Varianten nötig, wenn man je nach Ausfachungsart, Lagerungsart, Fahrbahnanordnung, Belastung u. dgl. verschiedene und zuverlässige Hundertsätze der Ersparnis festlegen wollte. Die Zahl der möglichen Varianten wird durch Verschiedenheit der Trägerabmessungen vervielfacht. Die Benutzung von Kennzahlen nach Fuchs' Vorschlag würde eine systematische Behandlung erleichtern, aber auch nicht zu genauen Werten führen, weil die Bauzifferwerte theoretisch nicht festgelegt werden können.

Auf die Durcharbeitung solcher zahlreicher Vergleichsentwurfsreihen wurde verzichtet, weil der Aufwand an Rechen- und Konstruktionsarbeit das Ergebnis nicht lohnen würde. Für die hier erstrebten Schlußfolgerungen genügt die Gegenüberstellung der Bauzifferteilwerte und die Festlegung roher Mittelwerte für die Hundertsätze der Gewichtsersparnis, die sich aus den Abb. 24 und 26 als Durchschnitt für alle Systemarten ergeben.

Wenn man die aus dem Rahmen fallenden Werte unberücksichtigt läßt, darunter auch die des Beispiels 8, deren geringe Höhe durch den großen Einfluß des γ-Verfahrens infolge der Kontinuität und der geringen Stützweite hervorgerufen wird, so läßt sich die mit der Stützweite wachsende Tendenz der Ersparniswerte klarer erkennen. Auch der Einfluß der Belastung zeigt sich dadurch, daß bei zweigleisigen Bauwerken die Ersparnis rd. 1 % über der von eingleisigen Bauwerken gleicher Stützweite liegt. Für die Belastung durch Lastenzug N oder E ist dagegen ein Unterschied nicht zu erkennen.

Man darf rohe Mittelwerte für die Ersparnis, getrennt für ein- und zweigleisige Bauwerke, etwa nach den in den Tafeln eingetragenen Kurven annehmen. Diese Werte sind auch in Zahlentafel 65 für die drei Stützweiten 25 m, 100 m und 175 m angegeben.

Fahrbahn.

Die Ersparniswerte, die für die Fahrbahnträger bei den Vergleichsentwürfen ermittelt und die von anderer Seite angegeben werden, schwanken in noch weiteren Grenzen; eine Abhängigkeit von der Stützweite ist kaum festzustellen. Immerhin erscheint es zweckmäßig, für die Betrachtung zwei Gruppen von Fahrbahnträgern zu unterscheiden, und zwar eine 1. Gruppe, zu der Längsträger mit Stützweite bis höchstens 7 m und die Querträger eingleisiger Bauwerke zu rechnen sind, und eine 2. Gruppe, zu der Längsträger mit größerer Stützweite als 7 m und die Querträger zweigleisiger Brücken gehören. Hauptträger mit weitmaschiger Fachwerkausführung, die Querträgerabstände von 10 bis 20 m erforderten, sind, wie schon erwähnt, in letzter Zeit wiederholt ausgeführt worden[18] (s. S. 11).

Die Ersparniswerte der Vergleichsentwürfe sind in Zahlentafel 59 wiedergegeben, für einen Vergleich mit den Angaben anderer sind die Zahlen heranzuziehen, die sich bei Zugrundelegung der Beiwerte γ_{37} und $\varkappa_{37}$ ergeben.

In der Zahlentafel 63 sind die abgerundeten Grenzwerte der Zahlentafel 59 Angaben von Kommerell[74] (s. S. 70) und nach Hawranek[56] (s. S. 50) und Voigt[58] (s. S. 51) gegenübergestellt, am Schluß sind rohe Mittelwerte genannt.

---

[76] Bohny: Referat 3 bei der 2. Internationalen Tagung für Brücken- und Hochbau in Wien 1928.

Zahlentafel 63. *Ersparnis bei Fahrbahnträgern in hochfestem Stahl bezogen auf St 37 in %.*

		1. Gruppe		2. Gruppe		
Längsträger, Stützweite in m . . . . . Querträger		$\leqq 7{,}0$ für 1 Gleis		$> 7{,}0$ für 2 Gleise		
		St 48	St 52	St 48	St 52	St 90
Nach Vergleichsentwürfen	für maßgebende Werte γ und $\varkappa$	0—9	7—20	10	21	45
	für Werte γ und $\varkappa$ wie bei St 37	5—18	12—24	—	—	—
	desgl. nach Kommerell . . .	4—27	—	—	—	—
	„ „ Hawranek. . . .	—	—	16	23	—
	„ „ Voigt	—	—	11—13*	17—20*	—
Rohe Mittelwerte		5	10	10	20	—

* einschließlich Hilfslängsträgern und Schlingerverbänden.

Verbände.

Die Ersparnishöhe zeigt bei den Verbänden eine mit der Hauptträgerstützweite wachsende Tendenz; aber auch hier schwanken die Ersparniswerte in weiten Grenzen, vor allem wegen des entscheidenden Einflusses der Ausfachungsart. Wie schon im Abschnitt über die Bauziffer ausgeführt wurde, ist für die Bemessung der Verbandstäbe in der Regel die Knicksicherheit ausschlaggebend. Die Anordnung von Kreuzverbänden ist daher für die Gewichtseinsparung durch hochfesten Stahl günstig.

Von den von anderer Seite angegebenen vergleichbaren Zahlen müssen wiederum diejenigen ausgeschieden werden, die auf verschiedenartige Konstruktionsgrundsätze bei den einzelnen Stahlsorten zurückzuführen sind.

Nach den Beispielen von Voigt ergeben sich folgende Ersparnishöhen gegenüber St 37:

$$\text{für St 48 . . . . . . 23 bis 25\%}$$
$$\text{für St 52 . . . . . . 29 bis 33\%}$$

Diese Werte liegen zu hoch, was darauf zurückzuführen ist, daß die Windverbände nicht für die verschiedenen Stahlsorten besonders entworfen wurden, sondern ihr Gewicht nur, ausgedrückt durch einen festen Prozentsatz des Hauptträgergewichtes, überschlägig ermittelt wurde. Für den von Voigt mit seiner Veröffentlichung beabsichtigten Zweck genügte diese Berücksichtigung des Verbändegewichtes.

In Zahlentafel 64 sind die abgerundeten Grenzwerte der Zahlentafel 59 mit Angaben von Kommerell[74] (s. S. 70) und mit Vorschlägen für rohe Mittelwerte zusammengestellt, und zwar für Hauptträgerstützweiten von 60 und 200 m. Für Stützweiten zwischen 60 und 200 m können die Ersparniswerte interpoliert werden.

Zahlentafel 64.
Ersparnis bezogen auf St 37 bei Verbänden von Fachwerkbrücken in %.

	St 48	St 52	St 90
Nach Vergleichsentwürfen	0—8	1—13	22—31
Nach Kommerell	7—33	—	—
Rohe Mittelwerte	4—8	6—12	—
Für Hauptträger-Stützweiten in m .	60—200	60—200	—

Ganze Bauwerke.

Für die Beurteilung der Abb. 25 und 27 gilt das für die Abb. 24 und 26 Gesagte. Allgemeingültige Hundertsätze für die Ersparnis, abhängig von der Stützweite, können infolge der starken Streuung der Werte nicht festgelegt werden. Andererseits verschwindet für die Betrachtung der ganzen Bauwerke der Unterschied zwischen ein- und zweigleisigen Brücken, der mit rd. 1% angenommen werden konnte, wenn man die Hauptträgergewichte für sich allein verglich. Das liegt daran, daß der höhere Anteil der Fahrbahn am Gesamtgewicht bei zweigleisigen Bauwerken den Durchschnittswert der Ersparnis herabmindert.

In Zahlentafel 65 sind die **rohen Mittelwerte** für die Ersparniswerte bei Hauptträgern, Fahrbahn und Verbänden für die Stützweiten 25 m, 100 m und 175 m zusammengestellt. In der letzten Reihe sind die Durchschnittswerte angegeben, die sich für die ganzen Bauwerke unter Beachtung des Anteils der einzelnen Baugruppen am Gesamtgewicht ergeben.

Diese Durchschnittswerte liegen den in den Abb. 25 und 27 eingetragenen Kurven zugrunde.

Zahlentafel 65.

Mittelwerte für die auf St 37 bezogene Ersparnis bei Fachwerkbrücken durch St 48, St 46 und St 52 in %.

	St 48			St 46			St 52		
Stützweite in m	25	100	175	25	100	175	25	100	175
Hauptträger eingleisiger Brücken	16	19	—	17	20	—	25	29	—
„ zweigleisiger „	17	20	24	18	21	25	26	30	36
Fahrbahn	5	8	10	5	8	10	10	15	20
Verbände	4	6	8	4	6	8	6	9	12
Durchschnitt unter Berücksichtigung des Anteils der Baugruppen am Gesamtgewicht . . .	11	16	22	12	17	23	17	24	32

Die Kurven der Mittelwerte schneiden, wie die Abb. 24 bis 27 zeigen, die Linien der Grundersparniswerte. Von der betreffenden Stützweite ab überwiegt also der ersparniserhöhende Einfluß aus der kleineren ständigen Last den ersparnismindernden Einfluß aus der größeren Bauziffer der hochfesten Stähle. Für diese Stützweiten sind in nachstehender Zahlentafel 66 runde Zahlen angegeben.

Zahlentafel 66. *Stützweiten für die Überschreitung der Grundersparnis durch die Mittelwerte der wirklichen Ersparnis für St 46, St 48 und St 52 bezogen auf St 37.*

	St 46	St 48	St 52
Für die Hauptträger allein . . . . (zweigleisiger Bauwerke)	140 m	160 m	145 m
Für die ganzen Bauwerke	175 m	190 m	190 m

Es wurde schon darauf hingewiesen, daß der Vergleich von Entwürfen in verschiedenen Stahlsorten sehr hohe Ersparniswerte ergibt, wenn verschiedenartige Konstruktionsgrundsätze Anwendung finden. In der Regel wird es richtig sein, gleichartige Voraussetzungen anzunehmen, um sich ein zutreffendes Bild über die Ersparnishöhe zu machen. Wenn aber Stützweiten in Frage kommen, die für die praktische Ausführung einer bestimmten konstruktiven Ausbildung z. B. in St 37 zu groß sind, so ergibt sich ein sprunghaftes Anwachsen der Gewichtsersparnis durch Verwendung einer höherwertigen Stahlsorte, mit der die betreffende Ausbildung praktisch noch ausgeführt werden kann. In solchen Fällen tritt der eigentliche Sinn der Verwendung hochfester Stähle klar zutage, nämlich Ausführungen noch zu ermöglichen, die sich für die weniger feste Stahlart nicht mehr eignen. Die Grenzstützweiten für einen derartigen Übergang zu konstruktiven Ausbildungen oder Systemen anderer Bauart, die größeren Anforderungen genügen, z. B. von der einwandigen zur zweiwandigen Ausbildung oder vom Balkenträger zum Bogenträger, sind um so größer, je hochwertiger der verwendete Stahl ist. Zuverlässige Zahlen für diese sprunghafte Steigerung der Ersparniswerte lassen sich natürlich nicht festlegen, die Erhöhung kann für St 48 bis 10 % und für St 52 bis 15 % über die sonst mögliche Ersparnis hinaus betragen.

Das Ergebnis zeigt, daß es keinen praktischen Wert hätte, eine Abhängigkeit der Ersparnishöhe von der Stützweite aus theoretischen Gewichtsformeln abzuleiten. Wie sich durch die Untersuchungen erwies, ist die Höhe der dabei einzusetzenden Bauziffer von ausschlaggebender Bedeutung, die Bauzifferhöhe aber theoretisch nicht zu erfassen. Wenn man aber nach wirklichen Ausführungen oder Vergleichsentwürfen zuverlässige Zahlen für die Bauziffer errechnet, so hat man auch zugleich die Gewichte selbst, so daß zur Ermittlung der Ersparnishöhe nicht der Umweg über die Gewichtsformel benutzt zu werden braucht.

Mit dem in Zahlentafel 65 zusammengestellten Ergebnis für die Mittelwerte der Ersparnis können die Untersuchungen daher abgeschlossen werden.

Folgerungen für die praktische Anwendung.

1. Betrachtungen über die Anwendbarkeit des St 90.

Ein Überblick über die Entwürfe einwandiger Vollwandträger in St 90 mit 10 m bis 90 m Stützweite nach den Beispielen 1—5 und 7 zeigt, daß die Beanspruchung nur 80 bis 90% des zulässigen Wertes beträgt, obwohl γ-Werte zwischen 1,46 und 1,643 nach Abb. 1 berücksichtigt wurden. Bei den durchgerechneten Beispielen spielt der hohe Mehraufwand für die Dauerbeanspruchung keine Rolle, weil er wegen der Durchbiegung ohnehin erforderlich ist.

Aus der Vergleichsrechnung für die große Fachwerkbrücke Beispiel 12 geht hervor, daß das zugrunde gelegte Hauptträgersystem für die Ausbildung in St 90 unzweckmäßig ist. Der weitmaschige Fachwerkträger weist in der großen Öffnung mit einer Trägerhöhe von $l/10,6$ trotz der hohen γ-Werte nur eine Spannungsausnutzung der Gurtstäbe von etwa 60% des zulässigen Wertes auf. In der kleinen Öffnung mit der Trägerhöhe $l/7$ sind die Gurte dagegen ausgenutzt. Eine Vergrößerung der Trägerhöhe in der großen Öffnung unter Beibehaltung des Ausfachungssystems würde keinen Vorteil bringen. Eine Überschlagsrechnung für die Trägerhöhe 25 m statt 16,5 m ergab, daß der Gewichtszuwachs für die Streben durch ihre größere Länge und die erhebliche Querschnittsvergrößerung wegen der Knicksicherheit bedeutend größer ist als die Gewichtsabnahme der Gurte durch die Verringerung ihrer Stabkräfte. Nur wenn man auf die Durchbiegung keine Rücksicht zu nehmen brauchte, würde sich der Ersparnishundertsatz erheblich erhöhen. Im Durchschnitt für das gesamte Bauwerk würden dann, bezogen auf St 37, 62 statt 48% und, bezogen auf St 52, 44 statt 26% gespart werden.

Ein derart hochfester Stahl verlangt, wie das Beispiel 12 zeigt, andere Konstruktionsgrundsätze. Die wachsende zulässige Beanspruchung erfordert eine größere Trägerhöhe, diese hat größere Wandstablängen und infolge der mit σ_{zul} stark wachsenden Knickzahlen ω steigenden Materialaufwand zur Folge. Es ist also erforderlich, die Wandstabknicklängen zu verkleinern. Hierfür wird die Anordnung von gekreuzten Streben oder Zwischenfachwerk kaum ausreichen. Die gegebene Bauform wäre der engmaschige Gitterträger. Es ist interessant, daß die Ausführung derartiger Träger gerade in den letzten Jahren nicht nur vom statischen Standpunkt aus wegen seiner hohen inneren Reserven, sondern auch aus schönheitlichen Gründen wiederholt empfohlen wurde[77].

Die Rücksicht auf die Durchbiegung steht demnach der praktischen Verwendung eines Baustahls mit so hoher Streckgrenze am meisten im Wege. Bei Konstruktionen, für die die Einhaltung der Durchbiegung nicht von ausschlaggebender Bedeutung ist, kann man diesen Baustahl daher mit größerem Erfolg anwenden. Als Beispiel hierfür kommen im Brückenbau Bogenbrücken, im Hochbau schwere Stützen in Betracht, allgemein gesagt Bauteile mit niedrigem Schlankheitsgrad und großen Druckkräften.

Nur um zu zeigen, welche Möglichkeiten in dieser Hinsicht bestehen, sei das Beispiel einer Stahlwerkstütze angeführt, deren Konstruktion in St 37 und St 90 aus der Abb. 28 hervorgeht. Die Belastungen der Stütze sind in der Abbildung eingetragen. Die Konstruktionsgewichte betragen in St 37 62,1 t, in St 52 42,3 t und in St 90 29,8 t. Gegenüber St 37 würden also durch St 52 32%, durch St 90 52% gespart werden.

Hier zeigt sich auch, wieviel günstiger die Anwendung des St 90 für rein statisch und nicht dynamisch beanspruchte Bauwerke ist.

Das Ergebnis der Beispiele für vollwandige Träger legt den Gedanken nahe, daß ein Stahl mit geringerer Streckgrenze als 75 kg/mm² für solche Fälle die gleiche Ersparnis ergäbe, wenn durch günstigere Dauerfestigkeit die Beiwerte γ entsprechend niedrig gehalten werden könnten.

Die Grundwerte, mit denen man nach Kommerell die γ-Werte errechnet, fußen auf dem Verhältnis der Streckgrenze zur Ursprungsfestigkeit und Wechselfestigkeit. Diese Grund-

---

[77] Vgl. z. B. Schaper: Einiges über die Gestaltung von großen Fachwerkbalkenträgern. Bautechn. 1940, Heft 55. — Hertwig: Beitrag zur Berechnung mehrfacher Fachwerke. Stahlbau 1943, Heft 8/11.

werte sind für St 90 deshalb so ungünstig, weil die Dauerfestigkeit gering, die Streckgrenze so hoch ist. Die für St 90 durchgearbeiteten Vergleichsentwürfe für Vollwandträger würden

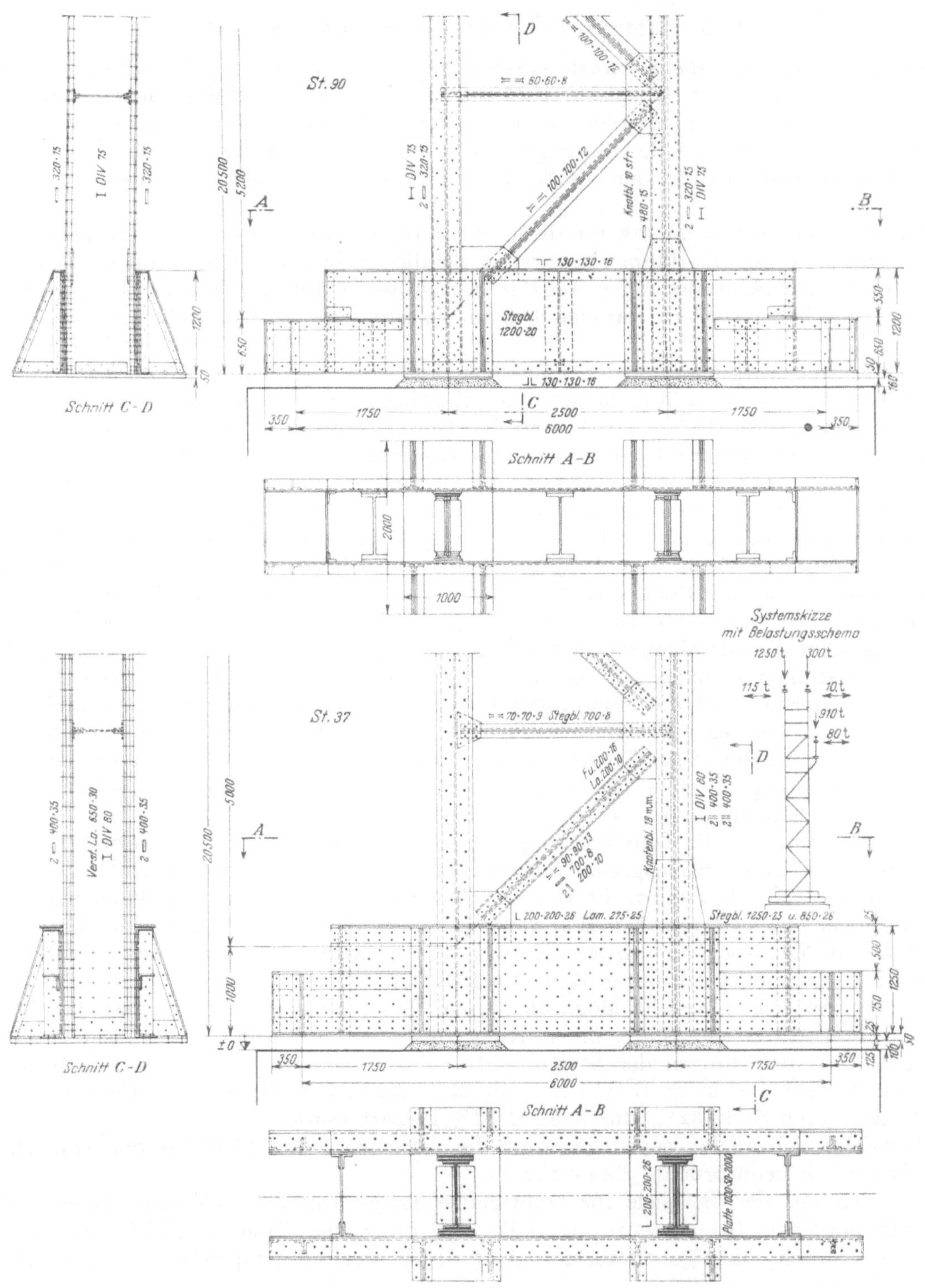

Abb. 28. Fußausbildung einer schweren Stütze in St 90 und St 37.

etwa 2800 kg/cm² Beanspruchung aufweisen, wenn statt der hohen γ_{90}-Beiwerte die für St 52 gültigen γ-Werte eingesetzt werden könnten. Damit wird ein Stahl gefordert, der 48 kg/mm²

Streckgrenze hat und eine so günstige Dauerfestigkeit, daß $\sigma_{U_{zul}}$ mit 24 kg/mm² und $\sigma_{W_{zul}}$ mit 14,4 kg/mm² entsprechend den Ausführungen auf S. 7 eingesetzt werden dürfen.

Es ist oft nützlich, Auswirkungen extremer Maßnahmen zu untersuchen, um die Grenzen zweckmäßiger Anwendung deutlicher erkennen zu können. So konnte es auch interessant sein, Vergleichsrechnungen mit einem Werkstoff durchzuführen, für den die zulässige Beanspruchung mehr als das Dreifache gegenüber St 37 beträgt. Diese sprunghafte Steigerung erhöht aber nicht nur die Gewichtsersparnis, sondern auch die Auswirkung des gleichbleibenden Elastizitätsmoduls und der wenig erhöhten Dauerfestigkeit.

Zum Schluß sei noch das Ergebnis eines Gewichtsvergleichs für das in der Einführung erwähnte erste in St 90 ausgeführte Bauwerk mitgeteilt. Es handelt sich um eine Kranbrücke mit 50 m Spannweite und 7,5 t Tragkraft. Die Zahlentafel 67 gibt die Bemessung für St 37, St 52 und St 90 an. Eine Ausnutzung der zulässigen Beanspruchung war trotz hoher γ-Werte nicht überall möglich. In Zahlentafel 68 sind die Gewichtsermittlungen einander gegenübergestellt und die Ersparniswerte durch St 52 und St 90, bezogen auf St 37, angegeben.

Kranbrücke für 7,5 t Nutzlast. Stützweite $l = 50,0$ m, Trägerhöhe $h = 5,5$ m.
M. 1:50.

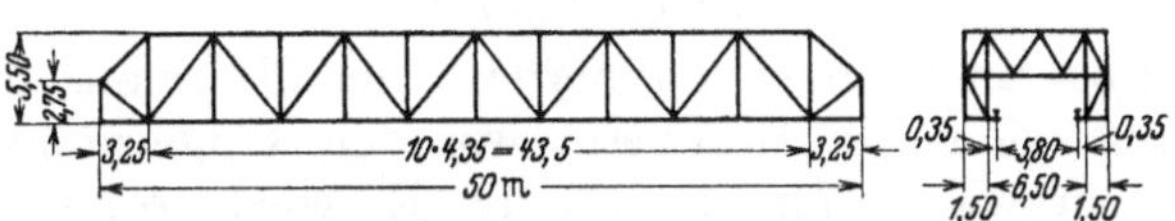

Zahlentafel 67. Bemessung.

Bauteil	Querschnitts-form	Größte Querschnitte		
		St 37	St 52	St 90
Hauptträger: Obergurt	⊥	1 −250·12 2 ⌐120·120·13 1 ❘ 200·12	1 −250·10 2 ⌐120·120·11 1 −200·10	2 −250·5 2 ⌐120·120·8 1 ❘ 200·7
Untergurt	⊥	2 ⌐140·140·17	2 ⌐110·110·14	2 ⌐ 90· 90·6,5
Streben	⌐	von ⌐ 80· 80·10 bis ⌐120·120·13	von ⌐ 70· 70·9 bis ⌐120·120·11	von ⌐ 65· 65·5 bis ⌐110·110·7
Ständer	⌐	⌐100·100·10	⌐ 90· 90· 9	⌐ 90· 90·6,5
Schienenträger Kr.S. Nr. 1 in allen Fällen	I bzw. I	I 38	I 32	4 ⌐ 55·75·4,5 1 ❘ 400·8
Verbände: unten	⊏ u. ⌐	⊏ 16 und 2 ⌐50·50·6	⊏ 14 und 2 ⌐50·50·5	⊏ 12 und 1 ⌐90·90·6.5
oben	⌐	⌐40·60·7	⌐40·60·5	⌐40·60·4

Zahlentafel 68. Gewichte in kg und Ersparnis in %.

Konstruktionsteil	Gewichte in kg für			Ersparnis in % bezogen auf St 37		
	St 37	St 52	St 90		für St 52	für St 90
Hauptträger	28400	23900	17100		16	39
Schienenträger	8900	6800	5670		24	36
Querrahmen mit Verbänden	23770	22000	20080		8	16
Geländer	2900	2200	1220		24	58
Laufschienen . . . . in allen 3 Fällen Schienenst.	2240	2240	2240		0	0
Zusammen	66210	57140	46310	Durchschnitt .	14	29

2. Vorschläge für empirische Gewichtsformeln.

In der Praxis werden, namentlich für überschlägliche Ermittlungen des Stahlbedarfs und für Baukostenschätzungen, vielfach die empirischen Formeln benutzt, die von der Deutschen Reichsbahn auf Grund von Angaben von Dircksen[78] und Schaper[79] herausgegeben wurden.

---

[78] Dircksen: Eigengewichte eingleisiger eiserner Eisenbahnbrücken der preußischen Staatsbahn. Zbl. Bauverw. 1904, S. 33.

[79] Schaper: Feste stählerne Brücken. 6. Aufl. S. 15—21.

Schaper weist schon darauf hin, daß die Gewichtsangaben namentlich für St 52 auf teilweise nicht sehr umfangreichen Erfahrungen fußen und vermutlich später der Abänderung und Ergänzung bedürfen.

Im folgenden werden nun die Ergebnisse der angestellten Untersuchungen zu einer Nachprüfung dieser Formeln benutzt, wobei der Vergleich nicht auf die in der vorliegenden Arbeit durchgerechneten Beispiele beschränkt, sondern auch auf eine größere Anzahl von Ausführungen der Praxis ausgedehnt wurde.

Es bestehen bisher Formeln für ein- und zweigleisige Brücken mit Fahrbahn ohne Bettung und vollwandigen und Fachwerk-Hauptträgern in St 37 und St 52 für Lastenzug N und E, außerdem Formeln für ein- und zweigleisige Blechträgerbrücken mit durchgeführter Bettung in St 37 für Lastenzug N.

Die Formeln für Blechträgerbrücken sind für Stützweiten von 10 bis 30 m, die für Fachwerkbrücken von 25 bis 100 m gültig. Bei beschränkter Bauhöhe, schiefer Grundrißgestaltung, Gleiskrümmung und Anordnung von Zwischensystemen müssen die Gewichtsangaben nach gegebenen Anhaltspunkten erhöht werden..

Es ergeben sich nachstehende Folgerungen für die einzelnen Baugruppen:

Hauptträger.

Die Formeln für St 37 erweisen sich innerhalb des Rahmens, den ihre einfache Form und die Vernachlässigung wichtiger Einflüsse, wie der Trägerhöhe und des Ausfachungssystems, vorschreibt, immer wieder als zuverlässig. Es wird vorgeschlagen, die Formeln für St 37 wie bisher zu belassen und die fehlenden Angaben durch entsprechende Formeln zu ergänzen.

Die bisherigen Formeln für St 52 ergeben dagegen zu niedrige Werte. Zweifellos ist dies darauf zurückzuführen, daß Gewichtsermittlungen von Ausführungen zugrunde gelegt wurden, bei denen die neuen Vorschriften für die Berücksichtigung der Dauerbeanspruchung sich noch nicht auswirkten. Für St 52 werden daher Änderungen der zur Zeit gültigen Formeln und Ergänzungen für bisher nicht angegebene Fälle vorgeschlagen.

Für Ausführung in St 46 werden Zwischenwerte genannt.

1. *Vollwandige Hauptträger.*

Die für diese bestehenden Formeln haben die einfache Form $g_h = c \cdot l$ in kg/m Brücke, wo die Konstante c je nach Stahlart, Lastenzug und Bauart verschieden ist. Aus dem Ergebnis, das in der vorliegenden Arbeit aus Vergleichsentwürfen und Gewichtsformeln gewonnen wurde, ließen sich leicht Formeln von der Form

$$g_h = c_1 \cdot l + c_2 \cdot l^2 \quad \text{in kg/m}$$

oder

$$g_h = c_1 \cdot l - c_2 \quad \text{in kg/m}$$

Zahlentafel 69. *Vorschlag für Gewichtsformeln von vollwandigen Hauptträgern eingleisiger Bahnbrücken in Anlehnung an die Formeln der Deutschen Reichsbahn.*
Gültigkeitsbereich: 10 m bis 25 oder 30 m Stützweite.

Fahrbahnausbildung	Stützweite in m	Baustahl	Lastenzug	Stahlgewicht in kg/m Brücke
Unmittelbare Schwellenauflagerung oder offene versenkte Fahrbahn	10 bis 30	St 37	N	68 l wie bisher 68 l
			E	56 l „ „ 56 l
		St 46	N	59 l
			E	49 l
		St 52	N	54 l statt bisher 48 l
			E	45 l „ „ 43 l
Geschlossene Fahrbahn	10 bis 25	St 37	N	72 l wie bisher 72 l
			E	60 l
		St 46	N	62 l
			E	53 l
		St 52	N	58 l
			E	48 l

entwickeln, die für größere Stützweitenbereiche gültig wären. Es sollen hier aber nur Änderungsvorschläge im Rahmen der bewährten vorhandenen Formeln gemacht werden. In Zahlentafel 69 sind für eingleisige Bauwerke die beibehaltenen und als Ergänzung vorgeschlagenen Formeln für St 37 mit den neuen Vorschlägen für St 46 und St 52 zusammengestellt.

2. Fachwerk-Hauptträger.

Die für St 37 beibehaltenen Formeln sollen durch die Formel $(43\,l + 1000)$ kg/m Brücke für zweigleisige Brücken des Lastenzuges E in Anlehnung an die vorhandenen Formeln und auf Grund einer Reihe von Ausführungen ergänzt werden. Die bisher für zweigleisige Brücken in St 52 angegebene Formel $(45\,l + 450)$ kg/m Brücke hat einen unzweckmäßigen Aufbau, weil der Koeffizient 45 von l zu groß und der konstante Wert 450 zu klein ist. Gegenüber der entsprechenden Formel für St 37: $(53\,l + 1320)$ kg/m Brücke ergibt sich eine mit wachsender Stützweite fallende Ersparnis für St 52 gegenüber St 37, was unrichtig ist. Die beibehaltenen Formeln sind mit den vorgeschlagenen Ergänzungen und Änderungen in Zahlentafel 70 zusammengestellt.

Fahrbahnen.

Wie die Zusammenstellung aus zahlreichen Ausführungen zeigt, sind in diesem Fall auch die für St 37 angegebenen Werte zu niedrig, sie lassen sich nur in besonders günstig liegenden Fällen erreichen. Auch Bleich[80] kommt zu diesem Ergebnis, denn er empfiehlt als Formeln für das Fahrbahnträgergewicht die Formeln von Dircksen für den Lastenzug A der früheren preußisch-hessischen Staatsbahn mit einem Zuschlag von 25%. Die heute gültigen Formeln für Lastenzug N und E liefern aber Ergebnisse, die unter den von Dircksen für den bedeutend leichteren Lastenzug A angegebenen Werten liegen, bei geringem Hauptträgerabstand sogar um einen erheblichen Betrag. Bei den Formeln für St 46 und St 52 müssen außerdem die Folgen aus der Einführung des γ-Verfahrens und der Fahrbahnlängsträger-Berechnung mit erhöhtem Koeffizienten $\varkappa$ berücksichtigt werden.

1. Fahrbahn ohne Bettung.

Die für St 37 und St 52 angegebenen Formeln gelten bei eingleisigen Brücken für Hauptträgerabstände von 2,50 m bis 5,30 m, bei zweigleisigen Brücken für Hauptträgerabstände von 8,50 m bis 9,50 m und in beiden Fällen für Querträgerabstände von 2,50 m bis 6,50 m. Die Formeln sind unabhängig davon, ob die Fahrbahn oben oder unten angeordnet ist. Die neuen Vorschläge für erhöhte Werte und die bisherigen Angaben gehen aus Zahlentafel 71 hervor.

Zahlentafel 70. *Vorschlag für Gewichtsformeln von Fachwerk-Hauptträgern ein- und zweigleisiger Bahnbrücken in Anlehnung an die Formeln der Deutschen Reichsbahn.*
Gültigkeitsbereich: für 25 m bis 100 m Stützweite.
Fahrbahn unten oder oben.

Gleiszahl	Baustahl	Lastenzug	Stahlgewicht in kg/m Brücke
1	St 37	N	$40\,l + 400$ wie bisher $40\,l + 400$
		E	$32\,l + 300$ „ „ $32\,l + 300$
	St 46	N	$31\,l + 380$
		E	$25\,l + 280$
	St 52	N	$28\,l + 370$ statt bisher $27\,l + 280$
		E	$23\,l + 270$
2	St 37	N	$53\,l + 1320$ wie bisher $53\,l + 1320$
		E	$43\,l + 1000$
	St 46	N	$41\,l + 1140$
		E	$31\,l + 860$
	St 52	N	$36\,l + 1070$ statt bisher $45\,l + 450$
		E	$27\,l + 820$

Zahlentafel 71. *Vorschlag für Gewichtsformeln von Fahrbahnträgern ein- und zweigleisiger Eisenbahnbrücken in Anlehnung an die Formeln der Deutschen Reichsbahn.*
Gültigkeitsbereich: für 2,50 m bis 6,50 m Querträgerabstand.
Fahrbahn unten oder oben, Lastenzug N und E.

Gleiszahl	Hauptträgerabstand	Baustahl	Stahlgewicht in kg/m Brücke
1	2,5—5,3	St 37	$120\,b + 200$ statt bisher $120\,b + 60$
		St 46	$120\,b + 160$
		St 52	$120\,b + 120$ „ „ $120\,b + 40$
2	8,5—9,5	St 37	$120\,b + 800$ statt bisher $120\,b + 710$
		St 46	$120\,b + 700$
		St 52	$120\,b + 600$ „ „ $120\,b + 410$

[80] Bleich: Theorie und Berechnung der eisernen Brücken. 1924. S. 8.

2. Fahrbahn mit Bettung.

Die neuen Vorschläge für erhöhte Werte beschränken sich wie bisher auf St 37, sie sind aus Zahlentafel 72 ersichtlich, die auch die Grenzen ihres Gültigkeitsbereichs angibt und sie den bisherigen Angaben gegenüberstellt.

Zahlentafel 72.

Vorschlag für Gewichtsformeln von Fahrbahnträgern und Fahrbahntafeln für geschlossene Bauweise ein- und zweigleisiger vollwandiger Bahnbrücken in St 37 für Lastenzug N in Anlehnung an die Formeln der Deutschen Reichsbahn.

Seitlicher Bettungs-abschluß	Gleiszahl	Hauptträger-abstand b in m	Stahlgewicht in kg/m Brücke
ohne	1	2,9—3,4	$120\,b + 400$ statt bisher $120\,b + 250$
mit	1	2,9—5,0	$120\,b + 800$ „ „ $120\,b + 650$
mit	2	7,0—8,5	$120\,b + 1700$ „ „ $120\,b + 1500$

Verbände.

Für diese sind in den Formeln der Reichsbahn in einfachster Weise Werte in kg/m Brücke genannt, die in den gleichen Grenzen wie die Hauptträgerformeln gelten, also für Stützweiten von 10 m bis 30 m für Blechträgerbrücken und von 25 m bis 100 m für Fachwerkbrücken. Für Blechträgerbrücken können die bisher angegebenen Werte beibehalten werden. Für Fachwerkbrücken ist die Ersparnis, die nach den bisherigen Formeln für St 52 gegenüber St 37 zu erwarten wäre, praktisch in der Regel nicht erreichbar, wie die hierfür angestellten Untersuchungen zeigten. Die Werte für St 37 können als zutreffende Mittelwerte beibehalten werden. Für St 52 werden höhere Werte als bisher vorgeschlagen, für St 46 werden Werte zwischengeschaltet. Neue Vorschläge und bisherige Werte stellt die Zahlentafel 73 zusammen.

Zahlentafel 73. *Vorschlag für Gewichtsformeln von Verbänden ein- und zweigleisiger Bahnbrücken in Anlehnung an die Formeln der Deutschen Reichsbahn.*

Gültigkeitsbereich: für 10 m bis 30 m Stützweite bei Blechträgerbrücken, für 25 m bis 100 m Stützweite bei Fachwerkbrücken.

Lastenzug N und E.

Fahrbahnausbildung	Stützweite in m	Gleiszahl	Baustahl	Stahlgewicht in kg/m Brücke bei Anordnung von	
				einem Verband	zwei Verbänden
Blechträgerbrücken					
Unmittelbare Schwellenauflagerung	10—30	1	St 37 / St 46 / St 52	150 wie bisher 150	200 wie bisher 200
offen				80—140 wie bisher 80—140	
Fachwerkbrücken					
offen	25—100	1	St 37	200 wie bisher 200	320 wie bisher 320
			St 46	200	300
			St 52	200 statt „ 160	300 statt „ 260
offen	25—100	2	St 37	320 wie bisher 320	580 wie bisher 580
			St 46	300	550
			St 52	300 statt „ 260	520 statt „ 490

Zweifellos wird es nötig und auch möglich sein, die hier gemachten Vorschläge durch Gegenüberstellung mit einer größeren Zahl von Ausführungen zu überprüfen, bei denen die neuen Vorschriften bereits Berücksichtigung fanden. Die Gewichtsformeln für die verschiedenen Stahlsorten müssen aber auf gleicher Grundlage aufgebaut werden, damit die Benutzung zu zutreffenden Werten für die Gewichtseinsparung bei Verwendung hochfester Stähle führt. Hierbei dürfte das Ergebnis der hier angestellten Untersuchungen brauchbare Richtlinien abgeben.

Zusammenfassung.

1. Für Vollwandträger wird entsprechend der in der BE der Deutschen Reichsbahn angegebenen Formel für Fachwerkträger die folgende Formel für die Bauziffer vorgeschlagen:

$$\alpha = \frac{G_h}{\dfrac{M_{max} \cdot l \cdot 7,85}{\sigma_{zul} \cdot w_{max} \cdot 10000}},$$

worin w_{max} die Kernweite des größten Querschnittes ist.

Hierin ist M_{max} in tcm, l in m, 7,85 das Raumgewicht des Stahles in t/m³, σ_{zul} in t/cm² und w_{max} in cm einzusetzen. Diese Formel leistet für die Beurteilung eines Entwurfs die gleichen Dienste wie die entsprechende Formel für Fachwerkträger.

2. Für Vollwandträger wird die allgemeine Gewichtsformel entwickelt

$$G_h = \frac{\gamma\,(g_0 + \varphi \cdot p) + 2,2 \cdot \left(\dfrac{h_s}{l}\right)^2 \cdot t \cdot \sigma_{zul}}{0,42 \left(\dfrac{h_s}{l}\right) \dfrac{\sigma_{zul}}{\zeta} - \gamma \cdot l} \cdot l^2 \ \text{in t}.$$

Von den Werten der Formel sind bekannt oder leicht ermittelt:

die Stützweite l in m,
die zulässige Beanspruchung σ_{zul} in t/m²,
die ständige Last ohne Hauptträger g_0 in t/m,
die Verkehrslast p in t/m,
die Stoßzahl φ,
der Beiwert für Dauerbeanspruchung γ.

Die Stegblechhöhe h_s in m und die Stegblechdicke t in m werden bei jeder Bemessung zuerst festgelegt. Praktisch richtige Werte h_w für h_s werden gefunden, wenn man die Mindeststegblechhöhe h_{min} und die ideale Stegblechhöhe h_i beachtet. h_{min} berechnet man aus der Formel für die Mindestträgerhöhe von Gaber, h_i durch Differentiation der Gewichtsformel.

Die praktisch richtigen Werte h_w sind nach Stahlart, Bauart und Belastung verschieden. In nachstehender Zahlentafel 74 sind die Gleichungen zusammengestellt, mit denen man h_w aus l findet.

Zahlentafel 74.

Werte $\dfrac{l}{h_w}$, $C = 10^6 \cdot \left(\dfrac{h_w}{l}\right)^2 \cdot t$ *in m und* ζ *für Vollwandhauptträger von Bahnbrücken in Abhängigkeit von* l *in m.*

Bauweise	geniet				geschweißt
Gleiszahl .... Lastenzug	$\dfrac{1}{N}$	$\dfrac{1}{N}$	$\dfrac{1}{E}$	$\dfrac{2}{N}$	$\dfrac{1}{N}$
Bauart	einwandig	zweiwandig	einwandig	St 90 einwandig, sonst zweiwandig	einwandig
Stützweitenbereich in m	10—90	60—90	10—60	60—90	10—60
St 37	$8,3 + 0,075\,l$	$9,2 + 0,08\,l$	$9,8 + 0,075\,l$	$8,9 + 0,06\,l$	$7,7 + 0,075\,l$
St 48/46 $\quad l/h_w$	$8,8 + 0,075\,l$	$8,9 + 0,08\,l$	$8,8 + 0,075\,l$	$8,0 + 0,06\,l$	$8,8 + 0,075\,l$
St 52	$9,8 + 0,075\,l$	$9,8 + 0,08\,l$	$9,8 + 0,075\,l$	$9,1 + 0,06\,l$	$9,1 + 0,075\,l$
St 90	$7,3 + 0,07\,l$	—	$7,3 + 0,07\,l$	$6,6 + 0,06\,l$	$7,3 + 0,07\,l$
St 37	143	164	104	250	167
St 48/46 $\quad C$	121	170	121	300	121
St 52 $\quad$ in m	92	132	92	215	105
St 90	134	—	134	205	134
St 37	1,17	1,16	1,19	1,12	1,08
St 48/46 $\quad \zeta$	1,21	1,21	1,27	1,17	1,12
St 52	1,22	1,22	1,28	1,18	1,13
St 90	1,50	1,50	1,58	1,45	1,39

Zu jeder Stegblechhöhe gehört eine passende Stegblechdicke, die je nach Stahlart verschieden ist. Sie hängt von der erforderlichen Beulsicherheit und von einem praktisch richtigen Verhältnis zu den übrigen Abmessungen des Trägerquerschnittes ab. Die Stegblechdicke kann aus der Stegblechhöhe nach beigegebenen graphischen Abb. 14—17 bestimmt werden.

Außerdem zeigt sich, daß bei Zusammenfügung der praktisch richtigen Werte h_w und t der Wert $C = \left(\dfrac{h_w}{l}\right)^2 \cdot t$ zu einem Festwert wird. Man findet t zu $\dfrac{C}{10^6} \cdot \left(\dfrac{l}{h_w}\right)^2$, wenn man die Werte l/h_w der Zahlentafel 74 mit den darunter angegebenen zugehörigen Werten C multipliziert.

Die Ausführungen über die Wahl der Stegblechabmessungen werden durch Angaben über die zweckmäßige Anordnung und Bemessung der Steifen und über die zweckmäßige Wahl der Gurtwinkel- und Gurtplattenabmessungen ergänzt.

Brauchbare Mittelwerte über die Zuschlagziffer ζ, die einen Teilwert der Bauziffer darstellt, sind am Schluß der Zahlentafel 74 zusammengestellt.

3. Die für die einzelnen Beispiele für Vollwandträger und Fachwerkträger ermittelten Bauziffern können als Anhaltswerte für ähnliche Ausführungen zugrunde gelegt werden.

Der Einfluß der Bauart auf das Gewicht kann für Vollwandträger aus der Verschiedenheit der Trägerbemessung abgeleitet werden. Für Fachwerkträger kann aus einer Aufteilung der Bauziffer wenigstens die Tendenz der Wirksamkeit der einzelnen Einflüsse erkannt werden, wenn auch das Ergebnis der wenigen Beispiele keine Schlüsse von allgemeiner Gültigkeit zuläßt.

Der Einfluß der Stahlart auf das Gewicht wird durch Mittelwerte der Ersparnis mit hochfestem Stahl gegenüber St 37 festgelegt. Für Fachwerkträger haben diese Mittelwerte nur die beschränkte Bedeutung roher Schätzungswerte, weil sie den Durchschnitt für alle möglichen Systeme darstellen. Die Mittelwerte sind in Zahlentafel 75 zusammengestellt.

Zahlentafel 75. *Mittelwerte der Ersparnis durch hochfeste Stähle, bezogen auf St 37 in %.*

	St 48			St 46			St 52			St 90
Fachwerkträger, Stützweite in m	25	100	175	25	100	175	25	100	175	
Hauptträger eingleisiger Brücken . . .	16	19	—	17	20	—	25	29	—	
„ zweigleisiger Brücken . . .	17	20	24	18	21	25	26	30	36	
Fahrbahn	5	8	10	5	8	10	10	15	20	
Verbände	4	6	8	4	6	8	6	9	12	
Durchschnitt für die ganzen Bauwerke	11	16	22	12	17	23	17	24	32	
Vollwandträger	einwandig	zweiwandig		einwandig	zweiwandig		einwandig	zweiwandig		einwandig
Stützweiten in m	10—60	60—90		10—60	60—90		10—60	60—90		10—90
Genietete N- u. E-Brücken, ein- u. zweigleisig, gleiche Bauart	8—17	14—18		12—17	14—18		14—27	25—31		25—32
Verschiedene Bauart (einwandig hochfest gegen zweiwandig St 37)	30—34	—		30—34	—		39—44	—		43—50
Geschweißte N-Brücken	7—16	—		11—16	—		13—26	—		24—31

4. Nach diesem Ergebnis wird in Zahlentafel 76 für jede Stahlsorte ein geeigneter Stützweitenbereich vorgeschlagen.

Zahlentafel 76. *Geeignete Stützweitenbereiche für die verschiedenen Baustähle in m.*

	St 37	St 46	St 52	St 90
Stützweite in m	$\leqq 50$	40—100	70—150	100—200

Diese aus den Untersuchungen abgeleiteten Vorschläge stimmen gut überein mit Werten, die Ministerialrat Ernst hierfür angab[81]. Abschließendes läßt sich aber nur sagen, wenn auch die Kostenersparnis durch hochfeste Stähle beurteilt werden kann. Dies hängt vor allem von der Gewichtsersparnis ab, aber auch davon, wie Stahlerzeugung und Stahlbearbeitung für die hochfesten Stähle schwieriger und teurer werden. Untersuchungen über die Kostenersparnis sind für eine spätere Abhandlung vorbehalten.

5. Die sprunghafte Steigerung der zulässigen Beanspruchung durch Anwendung eines Baustahls mit 75 kg/mm² Streckgrenze erweist sich als zu groß für die meisten praktischen Bauaufgaben des Brückenbaues. In Sonderfällen kann auch der Stahlbau von einem so hoch-

---

[81] Ernst: Aus dem Brücken- und Ingenieurhochbau der Deutschen Reichsbahn im Jahre 1942. Bautechn. 1943, Heft 13/14.

festen Stahl mit Erfolg Gebrauch machen, z. B. wenn eine Konstruktion überwiegend Druckglieder mit geringem Schlankheitsgrad aufweist, wenn nur statische und nicht dynamische Beanspruchung vorliegt oder wenn die Durchbiegung keine Rolle spielt. Es sei auch der Fall erwähnt, daß die Fahrbahnteile einer bestehenden Großbrücke wegen höherer Verkehrslasten gegen eine leichtere Konstruktion ausgewechselt werden sollen, um die Gesamtbelastung nicht zu erhöhen; bekanntlich wurde in einem solchen Fall im Ausland sogar Leichtmetall verwendet.

Im allgemeinen wird es aber wichtiger für die Brückenbaupraxis sein, in gesunder schrittweiser Weiterentwicklung einen Baustahl mit gegenüber St 37 verdoppelter Festigkeit zu schaffen. Wenn ein solcher Stahl mit 48 kg/mm² Streckgrenze eine Ursprungsfestigkeit von etwa 28 kg/mm² besäße, könnte mit ihm etwa die gleiche Ersparnis erzielt werden, die in der vorliegenden Arbeit für St 90 entwickelt wurde.

6. Das Ergebnis der Untersuchungen ist hinreichend genau, um brauchbare Vorschläge für die Ergänzung und Abänderung der empirischen Gewichtsformeln für Bahnbrücken in Anlehnung an die von der Deutschen Reichsbahn herausgegebene Sammlung zu machen. Diese Vorschläge sind in Zahlentafel 77 zusammengestellt.

Zahlentafel 77. *Eigengewichte ein- und zweigleisiger Bahnbrücken aus St 37, St 46 und St 52 für Lastenzug N und E in Anlehnung an die Formelsammlung der Deutschen Reichsbahn.*

Bauart der Brücke	Stützweite l m	Ein- oder zweigleisig	Hauptträgerabstand b m	Baustahl	Lastenzug	Stahlgewicht je m Brücke Hauptträger kg/m Brücke	Verbände 1 Verband kg/m Brücke	Verbände 2 Verbände kg/m Brücke	Fahrbahn kg/m Brücke
1. Fahrbahn ohne Bettung Blechträger mit unmittelbarer Schwellenauflagerung	10 bis 30	1	2,0	St 37	N E	68 l 56 l	150	200	20
				St 46	N E	59 l 49 l			
				St 52	N E	54 l 45 l			
Blechträger mit versenkter Fahrbahn	10 bis 30	1	2,6 bis 4,85	St 37	N E	68 l 56 l	80 bis 140		120 b + 200
				St 46	N E	59 l 49 l			120 b + 160
				St 52	N E	54 l 45 l			120 b + 120
Fachwerkträger a) Fahrbahn unten b) „ oben oder etwas versenkt	25 bis 100	1	a) 4,8 bis 5,3 b) 2,5 bis 3.2	St 37	N E	40 l + 400 32 l + 300	200	320	120 b + 200
				St 46	N E	31 l + 380 25 l + 280	200	300	120 b + 160
				St 52	N E	28 l + 370 23 l + 270	200	300	120 b + 120
Fachwerkträger Fahrbahn unten	25 bis 100	2	8,5 bis 9,5	St 37	N E	53 l + 1320 43 l + 1000	320	580	120 b + 800
				St 46	N E	41 l + 1140 31 l + 860	300	550	120 b + 700
				St 52	N E	36 l + 1070 27 l + 820	300	520	120 b + 600
2. Fahrbahn mit Bettung Blechträger ohne und mit seitlichem Bettungsabschluß	10 bis 25	1	2,9 bis 5,0	St 37	N E	72 l 60 l	ohne seitl. Bettungsabschluß		St 37 120 b + 400
				St 46	N E	62 l 53 l	mitseitlichem Bettungsabschluß		St 37 120 b + 800
				St 52	N E	58 l 48 l			
Blechträger mit seitlichem Bettungsabschluß	10 bis 25	2	7,0 bis 8,5	St 37	N	122 l	—		120b + 1700